纺织服装高等教育"十四五"部委级规划教材

3D打印技术及应用

主编 谢佩军

副主编 丁胜年 李华

东华大学出版社

·上海·

内 容 提 要

本书以 3D 打印技术典型工艺和新工艺为主线,首先介绍了当今 3D 打印技术的主要应用领域及应用案例,然后按照技术发展概述、工艺原理、典型设备及系统构成、技术特点、新技术应用进行逐步推进。全书内容包括光固化快速成型工艺(SLA)、选择性激光烧结工艺(SLS)、丝材熔融挤出成型工艺(FDM)、三维印刷成型工艺(3DP)、3D 数据建模与处理、逆向工程、3D 打印新技术及 4D 打印技术等。全书不仅将工艺、相关典型品牌设备与企业真实案例相结合,还配套开发了视频、课件等立体化资源,融入产学合作协同育人项目研究成果,教学的针对性与有效性得以进一步强化。本书既可作为相关专业院校的实用教材,对于广大的 3D 打印从业者、爱好者来说也是一本难得的科普读本和技术参考书。

图书在版编目(CIP)数据

3D 打印技术及应用/谢佩军主编. —上海:东华
大学出版社,2020.10
　　ISBN 978-7-5669-1815-4

　　Ⅰ.①3…　Ⅱ.①谢…　Ⅲ.①立体印刷－印刷术
Ⅳ.①TS853

　　中国版本图书馆 CIP 数据核字(2020)第 211605 号

责任编辑:杜燕峰
封面设计:魏依东

出　　　　版:东华大学出版社(上海市延安西路 1882 号,200051)
出版社网址:http://dhupress.dhu.edu.cn
天猫旗舰店:http://dhdx.tmall.com
营 销 中 心:021-62193056　62373056　62379558
印　　　　刷:上海盛通时代印刷有限公司
开　　　　本:787 mm×1092 mm　　1/16
印　　　　张:9.75
字　　　　数:220 千字
版　　　　次:2020 年 10 月第 1 版
印　　　　次:2020 年 10 月第 1 次印刷
书　　　　号:ISBN 978-7-5669-1815-4
定　　　　价:46.00 元

前　　言

3D打印也称为增材制造、快速成型等,是一项深刻颠覆传统规则的制造技术,具有创新性、先进性、高效性等特点。因此,多年来各国政府纷纷出台各种政策支持3D打印技术的研究与应用,不断促进3D打印技术的创新研究与拓展应用。3D打印技术对传统制造工艺流程和生产模式产生了革新性的影响,符合现代和未来制造业对产品个性化、定制化、特殊化的需求,逐步在文化创意、生物医疗、工业制造、航空航天等领域发挥着重要作用。

本书基于3D打印(增材制造)技术相关专业(方向)课程的混合式、项目化、案例式教学等教学改革成果,在综合国内外相关技术的研究成果和产业发展现状的基础上,系统地介绍和阐述了3D打印技术典型工艺和新工艺的原理、设备及应用。书中还配套开发了视频、音频、课件等立体化资源,可有效提升课堂教学的吸引力,结合3D打印/3D扫描实验和实训室的建设,有助于进一步推动3D打印/3D扫描技术、逆向工程技术的普及、培训与应用。

本书内容共分十章。第一章通过典型实际应用案例介绍了3D打印技术在文化创意、生物医疗、工业制造、航空航天等领域的应用,使读者对其有一个直观而全面的认识;第二章阐述3D打印技术的发展历史和几种典型工艺,分析了3D打印技术优势与局限性;第三章至第六章详细介绍了FDM、SLA、SLS、3DP等典型的3D打印工艺;第七章介绍了STL文件格式的特点与规则,常用CAD建模软件及三维数据建模基本流程;第八章分析了逆向工程相关技术,通过实例介绍了三维扫描操作流程;第九章和第十章分别结合实际应用案例探讨了3D打印新技术、4D打印技术的发展现状和应用前景。

本书得到浙江省高等教育"十三五"第二批教学改革研究项目(JG20190841)、浙江省教育科学规划课题(2020SCG208)和(2021SCG223)、宁波市产教融合型试点专业(NB2020JDZY1)、宁波市自然科学基金项目(202003N4071)等项目的支持,由浙江纺织服装职业技术学院谢佩军与宁波财经学院丁胜年、李华编著,张育斌、刘福国、黄冲、刘耀林、刘玉参与编写。其中第二、八、十章由谢佩军编写,第三、七章由丁胜年编写,第四、五章由李华编写,第一章由刘耀林、刘玉共同编写,第六章由黄冲编写,第九章由刘福国、张育斌共同编写,全书由谢佩军统稿。浙江纺织服装职业技术学院机电与轨道交通学院部分教师在本书的资料收集、内容编排、图形绘制方面均做了很多工作,赵彦微、唐磊、吴文贤、岳强、张淑敏、马野、高婷婷、叶宏武等老师在本书的编写过程中给予了无私帮助与大力支持,在此一并表示感谢。

限于编者水平有限,书中的疏漏和错误在所难免,恳请读者批评指正,多提宝贵意见,编者在此预致谢意。

编　者

2020 年 10 月

目　　录

第一章　3D 打印技术应用

3D 打印也称为增材制造、快速成型、快速制造等，是一种以三维 CAD 设计数据为基础，将材料（包括液态材料、粉材、线材或块材等）一层层叠加起来成为实体结构的制造方法。3D 打印技术是一项具创新性、先进性、高效性的制造技术，正引领着传统生产工序和生产方式的深刻变革。3D 打印技术将以其革命性的"大幅节省原材料"和"制造灵活性"在工业制造领域掀起新浪潮，在文化创意、生物医疗、工业制造、航空航天等领域发挥着非常重要的作用。本章先介绍一些 3D 打印技术在各领域的典型应用，以期读者对其产生全貌性的了解。

第一节　3D 打印技术典型应用案例

一、3D 打印兵马俑

随着 3D 打印技术应用领域的不断扩展，众多博物馆和文物修复工作者已开始利用 3D 打印与 3D 扫描技术，使破败不堪的古文物"起死回生"，不仅修复了文物，而且也让宝贵的传统文化得以传承。

2017 年 12 月乌镇举办的第四届互联网大会上，陕西秦始皇帝陵博物院和弘瑞 3D 打印公司共同合作的 3D 打印兵马俑隆重亮相。中国文物保护单位和 3D 打印企业首次正式合作，通过 3D 打印技术高度还原兵马俑，不仅尺寸、造型和真实兵马俑完全一致，而且每小块的颜色都是按照真实兵马俑的照片进行绘制的，就连兵俑身上附着的泥土都是从陕西兵马俑俑坑中采集的，真正实现了高度仿真（图 1-1）。

(a) 兵马俑原型　　　　　(b) 3D 打印模型

图 1-1　跪射俑对比

　　3D 打印跪射俑通过数字化技术实现历史文物 1∶1 还原,由国家兵马俑修复及保护工作总工程师亲自负责上色处理,文物修复专家制定方案将兵马俑精心复原,与真实兵马俑的色彩保持高度一致。为了后期效果更加逼真,在上色时添加了俑坑里的土壤,确保 3D 打印兵马俑完美呈现文物的细节特征(图 1-2 和图 1-3)。

图 1-2　上色处理　　　　　图 1-3　兵俑色彩特征

　　随着中国文化在全球范围内复兴,以数字技术将历史文化资源和文化要素结合,是传统文化与科技结合的关键性技术突破点。3D 打印技术的优势在于可以无限地复制。这项技术首先使用三维扫描技术获得文物的三维模型,然后通过 3D 打印获得复制品,再在复制品的基础上翻模复制,实现批量化制作。由此可以复制出文物的真实形貌或制作文物衍生品,用于代替文物真品进行实物展示,使人们欣赏文物的同时减少和避免对文物真品的损伤。3D 打印技术通过将传承中国历史文化的文物转化为数字模型,进而打印出实体模型进行展示,成功构建起中国文化对接国际的直通桥梁。

二、3D 打印运动鞋

　　在运动领域,3D 打印技术也是各大运动品牌研发新品争相使用的新技术。从 2013 年开始,阿迪达斯、耐克等运动品牌采用 3D 打印技术加速产品设计。耐克是第一家使用 3D 打印技术为运动员制鞋的品牌,开发了第一款 3D 打印鞋"蒸汽激光爪"(图 1-4 和图 1-5)。

图 1-4　耐克"蒸汽激光爪"　　　　　图 1-5　耐克 3D 打印跑鞋

2015年,阿迪达斯推出了45双特别版Futurecraft 3D打印跑鞋(采用SLS激光烧结3D打印技术),New Balance推出Zante Generate运动鞋,仅发售44双(图1-6)。

2016年,安德玛推出了旗下首款3D打印训练跑鞋Architech Trainer,在后掌中底使用了3D打印技术(图1-7)。

图1-6　Zante Generate

图1-7　Architech Trainer

2017年4月,阿迪达斯与美国高速光固化3D打印厂商Carbon合作,开发出Futurecraft 4D运动鞋(图1-8),当年计划生产5 000双,这是世界上第一双通过数字光合成技术(Digital Light Synthesis)制造的高性能鞋中底,真正开启了全球3D打印鞋业应用的新浪潮。Carbon公司通过使用数字光投影、透氧光学和可编程液态树脂生产高性能、耐用的塑料产品。

2018年11月,阿迪达斯推出光固化3D打印鞋AlphaEDGE 4D,售价300美元(图1-9)。2019年,阿迪达斯基于AlphaEDGE 4D系列,不断推出新款的3D打印鞋,年产量可达百万双,并且开始往线下门店铺货。

图1-8　Futurecraft 4D

AlphaEDGE 4D所用技术被认为是继Boost之后的下一代阿迪达斯最重视的球鞋中底科技。

中国国产品牌匹克也联合国内的3D打印厂商(如北京易加三维、北京弘瑞等)不断推出新款的3D打印鞋,鞋面+鞋底全3D打印鞋Future Fusion首批被客户瞬间秒光(图1-10)。

图1-9　AlphaEDGE 4D

图1-10　Future Fusion

三、3D打印＋AR技术

2017年3月21日,威海市中心医院借助3D打印技术和AR(增强现实)技术,创造性地顺利完成一例骶尾部巨大梭形细胞瘤切除及椎体置换手术,这是国内首例将AR技术与3D打印技术完美应用到骨科领域的医疗案例。

3D打印技术应用于手术前准备工作中,先由影像科、骨科、外科等科室医生和3D打印工程师进行了会诊,再利用专用软件对CT、核磁共振的医学影像图片模拟合成三维立体模型,通过三维建模技术将肿瘤、骨骼及周围神经血管组织等进行建模,进而用特质材料打印出形状完全相同、结构细节清晰的腰椎部模型(图1-11)。

3D打印和AR技术让患者变成"透明人",手术过程中,医生戴上AR眼镜,通过声控和手势指令可以清楚判断病灶,全程实现生动逼真的手术模拟。在手术中,如果碰到棘手的部位可以戴上AR眼镜,视野里会呈现逼真的虚拟场景,真实的环境和虚拟的模型实时形成相互补充,就像透过皮肤看清人体内部血管、神经、组织。由此,实现了术前、术中全过程的精准可视,确保患者得到最佳的治疗效果,大幅度提高手术的安全性和精准性(图1-12)。

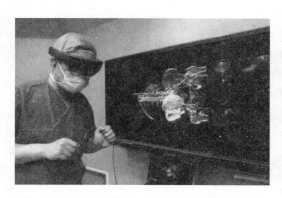
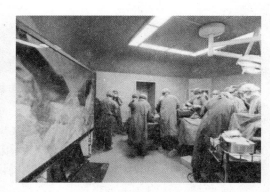

图1-11　医学影像图片模拟合成三维立体模型　　　　图1-12　3D打印＋AR技术辅助手术

第二节　航空航天领域的应用

3D打印技术具有全数字化、无模具、致密性好、柔性高等诸多优点,在航空航天制造领域具有很好的应用潜力和发展前景。各国政府、军事机构纷纷出台各种政策支持3D技术的研究与应用,不断促进3D打印技术在航空航天领域的技术创新与拓展应用。当前,航空航天领域在3D打印应用市场中占15%以上的份额,市场规模达到18亿美元。航空航天3D打印市场仍将以较快的增速发展,到2025年,市场规模有望达到50亿美元。

一、政府层面大力支持

为了能够可靠地、大批量生产飞机机翼、航空发动机、火箭制导等军事系统中的复杂零部件,美国国防预先研究计划局(DARPA)2015年5月宣布实施"开放式制造项目",其目的是通过研发 3D 打印快速鉴定技术,全面获取与控制制造过程中的变化,实现最终产品的性能预测,保证产品质量。2015 年底,美国陆军发布《陆军制造技术规划报告》,该报告从项目方案、效益、成果等方面进行了分析,包括 3D 打印技术在高价值航空设备的修复、回收、再利用领域的应用,及关键武器系统零部件的直接制造、再制造等领域的重点应用。

2016 年,美国国家航空航天局(NASA)委托 Made in Space 公司在国际空间站安装一台永久的 3D 打印机(图 1-13),用于打印生产宇航员所需的工具、设备和其他生活用品。

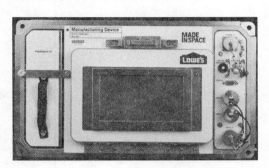

图 1-13　太空 3D 打印机

美国海军在 3D 打印方面投入了大量资金,仅在 2018 年,美国海军研究办公室(ONR)拨款 260 万美元用于引进增材制造设备。2019 年 6 月,位于美国佛罗里达州的海军作战中心——巴拿马城分部(NSWC PCD),购置金属 3D 打印机 EOS M290 3D 用于快速生产零件和原型,目的是在更短的时间内为军队提供高效和优质的产品。

2020 年 7 月,"长征五号"遥四运载火箭搭载"天问一号"火星探测器,在中国文昌航天发射场发射成功。中国运载火箭技术研究院采用 3D 打印公司的解决方案,实现了运载火箭上 50 个重要零件的 3D 打印。搭载的"天问一号"火星探测器安装使用了超过 100 个 3D 打印定制的零部件,具有高强度、耐高温、耐辐射等各种高性能特征,可以满足在火星恶劣环境中正常工作运行的要求(图 1-14)。此次 3D 打印技术与航天材料及工艺研究所的成功合作,推动了增材制造技术在我国航天航空领域的深化应用,标志着我国航天增材制造技术进入崭新发展阶段。

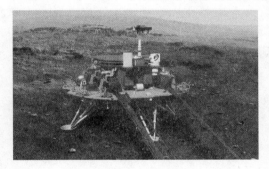

图 1-14　"天问一号"火星探测器

二、应用范围不断拓展

3D 打印技术已经是改进航空航天设备设计加工能力的一项重要技术,在航空航天领域的应用越来越广泛。企业和研究机构利用 3D 打印技术打印出了卫星、航天飞机、探测器的多种零部件,在费用、效率、品质等方面取得了显著的成果,展现了 3D 打印技术在高端科技产业领域的应用前景。

法国的空客公司采用 3D 打印技术生产了超过 1 000 个飞机零部件,用于 A350 飞机上,在成功制造复杂零件、保证交货时间的同时,大大缩短了生产周期,降低了制造成本,减轻了零部件的质量,简化了供应流程(图 1-15)。

全球领先的导弹武器制造商美国雷锡恩公

图 1-15　空客 A350

司长期致力于 3D 打印技术在制造导弹武器部件中的研究与应用,已经能运用 3D 打印技术生产加工火箭发动机、火箭弹身、火箭制导和控制系统的部分零部件。

美国海军在三叉戟潜射弹道导弹的试射中,成功测试了首个使用 3D 打印技术制作的导弹部件——可保护导弹电缆接头的连接器保护盖。3D 打印零件的设计和制造时间减半,体现了 3D 打印技术在复杂结构设计生产上的巨大优势。

三、技术深度逐步加大

随着 3D 打印技术应用广度和深度的加大,围绕装备维修与保障,在维修基地、空间站、战场前沿等"前端"部署 3D 打印的趋势愈加明显,这将不断优化、提升现有的装备维修模式与保障体系。

图 1-16 太空舱 3D 打印辐射防护屏

(1)在维修基地或装备保障的体系中大大增加了 3D 打印技术的部署和应用。确保能够在国防预算紧张的情况下降低成本,同时还可以减少对进口零件的依赖。(2)在空间站部署 3D 打印技术,只需将打印材料运送至国际空间站,即可按照需求实现太空 3D 打印。美国太空制造公司已开发出可在真空环境中正常工作的 3D 打印设备,并发送至国际空间站用于功能结构件的打印(图 1-16)。(3)将 3D 打印技术部署到战场前线,直接在战场上打印零部件,可大大减少传统制造技术的中间过程环节,实现针对装备零部件的快速打印。

3D 打印技术不仅仅能够大幅度降低生产制造成本、节约资源,而且突破了传统制造工艺复杂结构的技术难点,实现了不影响结构强度前提下的大幅度减轻重量,对推动全球航空航天技术领域的蓬勃发展起到了至关重要的作用。

第三节　工业制造领域的应用

3D 打印技术是智能制造的重要技术支持,3D 打印技术的出现很大程度上满足了智能制造的技术需求,大幅缩减了产品从设计到制造的周期。3D 打印技术已经在工业设计、模具制造等领域得到广泛应用,如生产制造各种工业零部件。部分 3D 打印技术能够实现工业产品的直接制造。

与传统制造加工方式相比,一体化成型的 3D 打印技术可以直接打印出整个零件,避免了将组合零件通过拆分制造后,再焊接成整体结构带来的各种潜在质量缺陷问题。3D 打印甚至可以跳过复杂零部件的装配工序,直接打印出整个组合体,大幅度提高零部件的质量。

一、汽车行业

汽车行业巨大的市场规模为 3D 打印技术在汽车领域的应用提供了广阔的市场空间,

越来越多的汽车制造商和汽车零部件制造商在产品创新过程中引入该技术,应用于前期的设计研发和汽车零部件的生产。

3D打印公司Stratasys与兰博基尼达成合作关系,为全新兰博基尼Aventador设计3D打印部件。兰博基尼主要关注汽车新零件开发的交付周期、成本和重量。为了达到所需的性能,工程师采用了Stratasys的Fortus 400mc制造系统,它可以使用ABS、PC-ABS、Ultem等热塑性塑料制造3D打印部件。使用Fortus 400mc制造系统,兰博基尼可以生产美观与性能兼具的零部件,生产成本节约了90%,产品交付进度提早了80%(图1-17)。

米其林和通用汽车这两家公司在3D打印技术制造领域进行了大量投资,双方为免充气、可回收的3D打印汽车轮胎提出了颠覆性概念——Uptis概念轮胎(图1-18),它首次引入四大创新:免充气、连接、3D打印和100%环保材料(完全可再生或生物来源材料)。Uptis概念轮胎为乘用车进行重新设计,也非常适合新兴的移动形式。未来使用该轮胎的车辆和车队,无论是自动驾驶、全电动、共享服务还是其他应用,均能实现轮胎零维护。

图1-17　全新兰博基尼Aventador

图1-18　Uptis概念轮胎

二、模具行业

3D打印技术在模具行业中的应用,主要分为三个方面:(1)直接制作手板,典型的3D打印工艺都能制作手板,只是制作出来的手板的精度、强度和表面质量有区别。(2)间接制造模具,利用3D打印的原型件,通过不同的工艺方法翻制模具,如硅橡胶模具、石膏模具、环氧树脂模具、砂型模具等。(3)直接制造模具,即利用SLS、DMLS、SLM等3D打印工艺直接制造软质模具或硬质模具。

通过3D打印技术制造的随形冷却模具具有众多优势,包括:有效缩短注塑或压铸过程中的冷却时间,可提升30%～70%产能时效与质量优良率;有效减少翘曲变形、开裂飞边、气泡砂眼等产品缺陷,显著提升最终产品的质量与成品率;模具使用寿命大大延长,产品单位成本大幅降低。

3D Systems的金牌合作伙伴Bastech利用端到端3D解决方案,通过将Cimatron定制模具设计工具与PROX DMP200制造复杂金属结构的能力,以及Geomagic Control的质量检验灵活结合起来,将随形冷却模具制作工艺提升到高效、经济的新水平。Bastech用3D打印技术解决了一系列工业制造应用问题,包括汽车制造业的功能性原型、航空零部件的复杂熔模铸造模具等(图1-19)。

图 1-19　随形冷却模具组合设计

图 1-20　M-Pipe 管道

三、能源行业

海底勘探和油气生产设备供应商 Magma Global 和 Victrex 携手合作,用 Victrex 公司的 PEEK 热塑性复合材料和激光烧结 3D 打印技术,打印出了可在石油和天然气行业中应用的挠性 M-Pipe 管道。这种 3D 打印 M-Pipe 管道能够部署到水下 3 km 深度,可大大提升油气生产效率,有助于减少海底石油和天然气系统的生产成本(图 1-20)。

图 1-21　FPSO 模型结构

世界最大的石油公司壳牌正在借助 3D 打印技术开发油气钻井平台的漂浮式生产储存卸货装置(FPSO)(图 1-21),应用于墨西哥湾的深水油气钻井平台 Stones。Stones 建造成功后有望成为世界最深的油气钻井平台,其输送管道可以深入到 2 900 米的海底。由于 FPSO 的结构非常复杂,在实际制造之前必须先做出缩小版的模拟原型,通过 3D 打印技术,壳牌的工程师只用了 4 周就生产出全部组件,大大降低了制造时间和人力成本。

著名市场分析机构 Gartner 预测,近两年内全球 10% 的石油天然气公司都将使用 3D 打印设备来生产制造日常作业中使用的零部件和设备。3D 打印可以显著减少零部件原型制造、维修和重新设计所需的时间。

第四节　建筑设计领域的应用

2020 年国家住建部、国家发改委、工信部等七部门联合印发的《绿色建筑创建行动方案》明确创建目标为:到 2022 年,城镇新建建筑中绿色建筑占比达 70%。绿色建筑指在全寿命期内节约资源、保护环境、减少污染,为人们提供健康、适用、高效的使用空间,最大限度实现人与自然和谐共生的高质量建筑。3D 打印技术与传统建筑施工方式对比,缩减筑造施工步骤,减少施工建材的数量,节约施工设备、施工材料、简化人力加工等不必要的成本和加工,同时可以实现简化设计。3D打印建筑系统可以打印建筑的墙壁、结构、外形,也能打印建筑物地基,建成的建筑可以有效抵挡地震和其他自然灾害。3D打印建筑不仅施工材料少、施工速度快、建筑质量高,还可以大幅减少建筑垃圾,有助于实现绿色施工与环保建筑。

世界建筑领域的3D打印技术发展迅速,"轮廓工艺"打印技术、"D-Shape"工艺、3D打印混凝土技术等技术日趋成熟。美国航空航天局(NASA)与美国南加州大学合作研发"轮廓工艺"打印技术,即按照设计图的预先设计模型,用3D打印机喷嘴喷出高密度、高性能混凝土,逐层打印出墙壁和隔间、装饰等,再用机械手臂完成整座房子的基本架构(图1-22)。

意大利发明家Enrico Dini发明的D-Shape水泥3D打印机,获得纽约建筑竞赛一等奖。"D-Shape"工艺结合3D扫描和3D计算机建模定制修补缺损结构,可用于修复被海水破坏的堤岸及海边建筑。它不需要在现场就能够打印出直接使用的海桩,有利于减少劳动强度,提高生产效率,降低成本。

乌克兰PassivDom公司开发出一种基于模块化设计原则的3D打印小型智能房屋,可以实现多个单元组装以建造大型建筑。这款3D打印小屋可以在任何环境中建造,让居住者可以随心所欲地住在大自然中,过上绿色环保、零碳排放的生活(图1-23)。

图1-22 "轮廓工艺"建筑

图1-23 3D打印智能小屋

2020迪拜世博会展示了首个3D打印混凝土展馆(图1-24),项目以2020年世博会为平台,向世界展示新兴建筑技术的可能性。3D打印展馆通过减少浇筑过程中使用的模板量,以及提供更清洁的施工现场,同时允许更高的设计复杂性,大大节省了材料。

3D打印技术在我国建筑业已有不少成功应用案例。2014年4月,上海首座3D打印建筑竣工;2015年1月,苏州建成第一座3D打印别墅;2019年1月,上海建成世界上最大的混

图1-24 迪拜3D打印混凝土展馆

凝土3D打印人行天桥,跨度为26.3米,由清华大学徐卫国教授团队设计开发,其3D打印系统在机械臂尖端打印头、打印路径生成、操作系统、打印材料配方等方面均处于世界领

先水平(图 1-25)。

河南太空灰三维建筑印刷技术有限公司研制第二代智能建筑 3D 打印系统,该系统可以打印任意形状的实体,适用于商品化生产。系统通过精确点击、连续无间断的打印,在必要时结合钢筋(笼)自动精确定位最终打印的位置。太空灰公司的立体建筑打印技术广泛应用于建筑模型展示、公共厕所、污水池、景观墙(图 1-26)等。

图 1-25　混凝土 3D 打印人行天桥

图 1-26　3D 打印景观墙

图 1-27　国际首例 3D 原位打印多层示范建筑

2019 年底,中建二局华南公司采用 3D 打印技术打印了一幢双层建筑,打造出国内首家建筑 3D 打印展馆,兼具企业展示、科技体验、人才培养、办公等多重功能,旨在展示现代建筑产业技术魅力,推动现代建筑产业的转型升级和融合发展(图 1-27)。经过三年的技术攻关,技术团队已经完成了架体结构、多种 3D 打印材料体系、输料系统、控制软件的开发工作,实现了从无到有、从小到大的突破,打印所需材料、设备、工艺及控制软件均为自主开发。该体系已获得 15 项国家专利授权,技术成果鉴定达到国际先进水平,并获选 2020 年中国国际服务贸易交易会"科技创新示范案例"。

根据当前 3D 打印技术在建筑业的发展趋势,可以预见在未来 10 到 20 年之内,3D 打印技术在建筑设计领域将逐步替代当下传统建筑技术,即使 3D 打印建筑无法完全代替传统建筑业的建造,也将是一种先进技术与传统建筑方式的互补和升级。3D 打印终将重新定义传统建筑业,中国的建筑业需要集成式、精细化、技术密集型升级,着力发展具有自主知识产权的 3D 打印建筑技术,以数字建造技术构建中国建筑业的信息化时代,为全面推进绿色智能筑造提供中国模式。

第五节　文化创意领域的应用

文创产业是指个人或者团队通过技术手段、创意和商业化运营,把某个具体的文化内容融入产品或者形成知识产权的产业,其产品形式包括电影、视觉艺术、表演艺术、产品设计、服装饰品设计等。近年来,随着我国文创产业的发展,文化创意产品设计提升到了越来越重要的地位。3D打印技术的特性(如高度信息化、复杂结构简单化、设计修改简易化等)与文化创意产品设计行业的需求非常契合。3D打印技术在文化创意产品设计方面具有以下优势:

1. 降低制造难度

3D打印技术适合制造一些复杂结构、网状结构、中空结构,而传统加工方式要实现这些结构需要高精度的模具和复杂工艺。如细小的镂空结构对加工技术要求非常高,甚至需要进行分步加工,先加工产品轮廓,再使用工具掏空产品内部结构,技术难度较大。采用3D打印技术可实现快速成型,直接以一个个横截面堆叠而形成产品,不存在内外、先后的分别,制造难度大大降低。

2. 节约生产成本

3D打印通过挤压、切割或熔融直接成型,无需辅助制造工具,若有需改进之处,只要通过设计软件进行修改及打印测试,不会造成模具成本浪费。

3. 优化设计流程

在文化创意产品的设计过程中,不再以图纸作为沟通的主要载体,而是以模型作为沟通的主要载体,设计师们可以直观地针对模型进行分析讨论,有效加快设计进度。

4. 实现扬长避短

3D打印作为一种设计辅助方式,主要用在产品设计阶段。在设计完成后将设计的产品制成模具,用于大批量标准化生产,这既利用了3D打印的设计优势,又可以避免3D打印成本高、无法大批量生产的缺点。

3D打印技术在文化创意领域的应用,必将给传统的创新设计模式带来巨大的改变,从产品的设计思路、设计师的自身定位到设计师的职业素养,都将发生变革。3D打印不同于传统的工厂批量化生产,而是完全个性化定制。比如,想拥有一支独一无二的钢笔,不用专门设计模具,只需从网络模型库下载钢笔的3D模型文件,再根据客户的手型、写字习惯、力度等个性化数据进行修改,即可打印出完全符合客户要求的钢笔(图1-28)。3D打印技术与文化创意设计的融

图1-28　Additive Pen 3D打印钢笔

合,为我们描绘了一个所想即所得,充满了个性、便利、快捷的全新图景。

3D打印技术在产品设计上的应用较为广泛,如文具设计、鞋类设计、珠宝设计等。美国西海岸设计团队通过网络接收东海岸设计团队的球鞋设计方案模型数据,利用3D打印制造出实体模型,经过研讨沟通后进行模型优化,再将修改后的模型扫描发送给东海岸设计团队,沟通效果更直观,沟通效率大大提高。

随着3D打印材料技术的快速发展,该技术在服饰设计领域的应用越来越广泛。3D打印可以突破传统裁剪方式的束缚,直接根据每个人的身材和设计师的思路进行设计,一体成型,无需缝合,而且节省面料。此外,3D打印技术给服装面料带来了革新,不再局限于纤维纺织物,而可以使用各种聚合物、高分子材料等新型材料打印服饰(图1-29)。

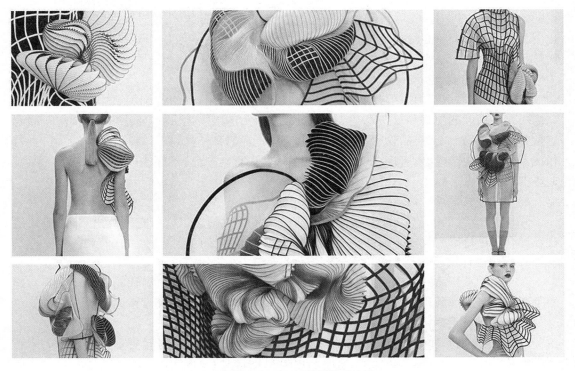

图 1-29　3D 打印服装秀

第六节　生物医疗领域的应用

　　3D 打印技术的快速性、准确性及易于实现复杂结构等特性,切合生物医疗领域的个性化、差异性应用需求,从而在生物医疗领域具有良好的应用前景。3D 打印技术将给医疗领域带来个性化定制、精准治疗和高效治疗等革命性变化,为医学上的差异化治疗提供了强大的技术支持。目前,3D 打印技术正处于快速发展阶段,在辅助治疗、永久性植入体、康复治疗和医疗器械等方面的应用日趋成熟。

1. 辅助治疗和解剖模型

　　高保真度的 3D 打印器官模型,能够用于临床治疗的病情分析和术前规划(图 1-30)。医生在手术前可先通过 3D 物理模型进行模拟训练,帮助医生熟悉手术操作流程,让手术具备可重复性,简化并精确术中操作,提高手术的成功率。3D 打印器官模型也可以用于高校医科专业的医疗教学,为学生提供直观的立体视觉、触觉感受。

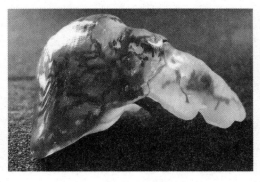

图 1-30　3D 器官模型

2. 支架及假体

假体主要应用于牙科和骨科,支架主要应用于心脏和血管,二者均要求具有很好的生物相容性,且在体内不会溶解。3D 打印能够在短时间内完成个性化制造,逐步应用于植入性假体与支架制造,确保具有良好的尺寸形状和力学性能。植入物能替代患者人体组织或骨骼,通常永久性植入物使用金属钛或其他材料,表面附加涂层增加生物相容性,降低炎症和感染风险(图 1-31 和图 1-32)。

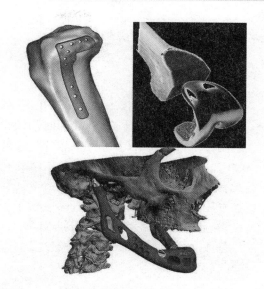

图 1-31　植入性假体

3. 生物 3D 打印

生物 3D 打印广泛地应用于构建组织或器官原型(图 1-33),如皮肤、血管、心脏等,不仅为器官替换的宏伟目标奠定基础,也可作为体外病理模型服务于药物筛选、器官发育及病变检测等。由于器官、组织有复杂的结构,多种生物 3D 打印方法被开发出来用以针对不同的应用场景。

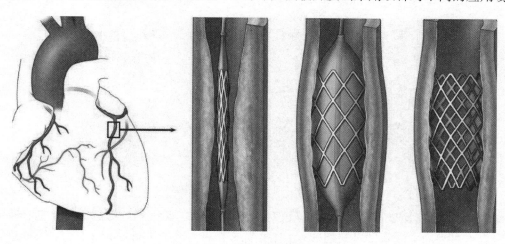

图 1-32　血管支架

图 1-33　3D 打印鼻子

第七节 文物修复领域的应用

传统文物修复技术难以实现在无接触情况下完成模型铸造,且需要专业技术精湛的师傅,材料、人工的成本高,花费的时间较长。3D打印技术可以在不直接接触文物的条件下,利用三维扫描技术、专业数字软件与特定材料,将文物的复杂结构打印出来。

3D扫描技术可以无接触扫描修复对象,获取三维模型数据并通过3D打印制作出实体,具有超高的还原性,非常适合制造珍贵文物的高精度复制品,如图1-34所示。3D打印复制品可用于公众展示,而文物真品收藏于专门的文物保护设施中,避免受存储环境的温度、湿度、光照的影响而变化,有效延长文物寿命。此外,3D打印技术能完美还原文物的细节,可以复原文物缺损的部分,或者验证文物修复的思路,大大提高了文物修复的工作效率。

图1-34 十二生肖兽首复制品

文物的数字修复过程利用3D扫描仪对文物进行扫描,将文物的形态、纹理、色彩转化成数字信息,再利用专用软件对文物的碎片、残片或者缺失部分进行完善和修复,从而避免修复过程中出现文物损坏。文物模型修复完成后,工作人员就可以通过高精度3D打印机将对应文物复制出来。然后,专业人员对比分析打印复制品和需修复的文物,验证是否存在误差,若没有误差则文物修复完成。

3D打印技术应用于文物修复的能效性体现在以下几个方面:

1. 完成度高

通过3D打印技术与3D扫描技术相配合,3D扫描的数据高度优化。建立数字模型后直接打印,只要数字模型正确,就不会出现打印偏差,成品率可接近100%(图1-35)。

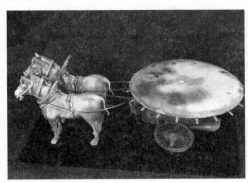

图1-35 铜奔马复制

2. 仿真度高

3D扫描的分辨率很高,所用粉末状材料本身的精度高,在造型时可用于各种形状的堆积,喷嘴喷出的材料墨滴可以通过软件控制,成型精度高。以复制古籍为例,喷墨打印机无法使用宣纸作为承印物,存在较大的色差,无法做到高仿真;而3D打印材料本身的精度高,且喷出材料墨滴的大小可控,纸张适用性广,能够确保3D打印出的古籍印版仿真度很高。

3. 耗时少

以雕版印刷的古籍复制为例,复制几页古籍较易实现,但完成一整本古籍的复制就难度很大。首先,无法预测耗费的工时,一旦出现错误就要重新来过,很有可能前功尽弃。其次,缺损的印版不能进行修补,因为无法知道原版的字体字号,即使有其他的原版可供参考,也很难凭借肉眼观察到所缺字的正确位置,雕刻缺字部分的位置偏差会很大。而采用"3D扫描＋3D打印"能够解决以上难题,效率和精度也会得到大幅提升。

4. 成本低

在传统的文物复制方法中,文物结构形状越复杂,制造成本就越高。3D打印技术制造简单和复杂结构的成本差别不大,制造复制结构形状复杂的文物就能大大降低制造成本。传统文物复制过程中的翻模和修复都会浪费原材料,而且原材料很难二次利用,造成了很大的成本浪费。3D打印技术过程中的多余材料,绝大部分都可以回收利用。

第八节　创新创业领域的应用

创新是以新思维、新发明和新描述为特征的一种概念化过程,将3D打印技术融入高校创新创业教育中,能够让学生在抽象概念和直观经验之间自由转换,实现设计方案的快速可视化,引导学生走向创新驱动的设计过程,从而培养创新精神,增强创新行动力。

3D打印技术在创新创业教育领域应用的积极影响,主要表现在以下几个方面:

1. 创新课堂教学

3D打印技术引入课堂教学,辅助专业知识的学习,知识的呈现便可从抽象的概念和数据,转化成实物模型,"理论学习"变为"视觉学习"甚至"触觉学习"。在需要学习有关实物知识的课堂上,学生不是凭空地听老师描述或是在黑板或显示器上看到一幅图形,而是可以亲身感受立体实物。比如,数学老师介绍立体几何与空间构造,不再需要画出一个个复杂的图形让学生去理解,只需要发放三维实物,立体化效果非常清晰和直观;化学老师讲解分子结构,也不必担心有限的教具模型无法满足所有学生的需求,学生完全可以将它的立体模型打印出来带回家慢慢研究;生物老师介绍某种已灭绝的昆虫或植物,一个模型就可以将其生物特征展现得淋漓尽致,学生通过眼看、手摸、言传,各个感受器官被调动起来,学习的兴趣和效果无疑都会得到很大程度的提升(图1-36)。

图1-36　教学模型

图 1-37　创意作品

2. 激励自主创新

DIY 精神是创新的源泉,3D 打印技术让学生可以制作天马行空的设计模型,而不会因为实验室各种材料缺乏、实验模型缺少而止步于此。从创意构思到草图表达,再通过快速三维建模软件建立模型,或者直接从互联网模型库中下载自己所需部件,就可以通过 3D 打印机打印出作品模型。这种解决问题的思路,从创意到作品的快速制作过程,都可以让学生的观察、分析、解决问题的能力和实践能力得到充分发挥,创造力在潜移默化中得到提高(图 1-37)。

3. 提高创新能力

传统课堂上,学生表现不够主动,积极性不高,课堂氛围沉闷。将 3D 打印技术融入教学,让学生在课堂上有更多机会主动参与教学活动,学生可以自主设计建造三维模型,动手操作 3D 打印设备,让学生切身感受到学习的乐趣,提高了学生的主观能动性。三维立体模型的建模具有无限可能性,学生在课堂上设计三维模型时需要不断进行反思和探索,有效地提升学生的思维方式,培养学生的创新能力。

4.创新创业教育

科技教育的大数据研究表明,只有将科技与设计有效地结合起来,放眼于未来,重新定义科技、教育、创新和设计之间的关系,才能创造出最佳的教育模式。3D 打印技术为实现大学生创新创业教育,培养学生创新意识,提升创新能力,提供了强有力的技术支持。各大高校注重创业创新教育,积极举办各种创新大赛(图 1-38),鼓励大学生积极加入创新创业的队伍中,扎实有效地为中国制造夯实了人才基础。

图 1-38　全国创新设计大赛

练习题

一、填空题

1. 3D 打印技术在文化创意产品设计方面具有_____、_____、_____、_____等优势。

2. 3D 打印技术具有_____、_____、_____等特点。

二、选择题

1. 3D打印技术在建筑行业的应用,目前使用最广泛的领域是(　　)。

　A. 建筑材料的生产。

　B. 建筑装饰品和建筑模型的生产。

　C. 建筑机械的生产。

　D. 整体建筑物的建造。

2. 3D打印技术在模具行业中的应用,不包括(　　)。

　A. 直接制作手板　　B. 间接制造模具　　　C. 直接制造模具　　　　D. 直接制作模型

3. 下列哪种产品仅使用3D打印技术无法制作完成(　　)。

　A. 首饰　　　　　　B. 手机　　　　　　　C. 服装　　　　　　　　D. 义齿

三、简答题

1. 请列举五个3D打印技术应用案例。

2. 3D打印技术应用于文物复制的能效性包括哪些方面?

3. 3D打印运动鞋的主要优点是什么?

4. 3D打印技术在航空航天领域得到广泛应用的原因有哪些?

5. 3D打印技术在创新教育领域的应用中有哪些积极影响?

第二章　3D 打印技术概述

上一章介绍了 3D 打印技术在各领域的应用情况,那么这一新兴技术如何起源? 发展脉络怎样? 有哪些典型工艺,优势何在? 本章将对此一一进行阐述。

第一节　3D 打印技术发展历史

1860 年,法国人弗朗索瓦·威廉姆(François Willème)首次设计出一种多角度成像的方法,以获取物体的三维图像。这种技术叫作照相雕塑,它将 24 台照相机围成 360°的圆同时进行拍摄,然后用连接于切割机的比例绘图仪进行模型轮廓的绘制。

1892 年,约瑟夫·布兰特(Joseph Blanther)发明了用蜡板层叠的方法制作等高线地形图的技术(图 2-1)。该技术通过在一系列蜡板上压印地形等高线,然后切割蜡板,将其层层堆叠之后进行平滑处理,从而制成高仿真立体地理模型。

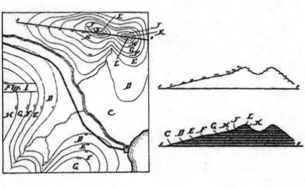

图 2-1　分层地形图

1984 年,美国人查尔斯·胡尔(Charles W. Hull)发明了 SLA(Stereo Lithography Appearance),即光固化快速成型技术,其成型原理是用紫外光催化液态光敏树脂固化成型。由于胡尔对 3D 打印的发展贡献巨大,因此被称为"3D 打印技术之父"(图 2-2)。1986 年,胡尔成立了 3D Systems 公司,研发了 STL 文件格式,将 CAD 模型进行三角化处理,成为

CAD/CAM 系统接口文件格式的工业标准之一。

1986 年,美国国家科学基金会(NSF)赞助 Helisys 公司研发出 LOM(Laminated Object Manufacturing),即分层实体制造技术,其成型原理是把片材切割并黏合成型。

1988 年,美国人斯科特·克伦普(Scott Crump)发明了 FDM(Fused Deposition Modeling),即丝材熔融挤出成型技术,其成型原理是利用高温把材料熔化后再喷出来重新凝固成型。斯科特·克伦普于 1989 年成立了 Stratasys 公司,现已发展成为全球增材制造技术龙头企业(图 2-3)。

图 2-2　查尔斯·胡尔成立 3D Systems 公司

图 2-3　Stratasys 公司 3D 打印设备

1989 年,美国德克萨斯大学奥斯汀分校的卡尔·德查德(Carl Dechard)发明了 SLS(Selective Laser Sintering),即选择性激光烧结成型技术,其成型原理是利用高强度激光将材料粉末烧结熔融成型。

1904 年,Baese 发明了一种使用特殊光照来曝光光敏明胶的技术,当用水处理后,光敏明胶与曝光成比例地膨胀,处理过的明胶周围的环形物被固定在支撑物上,以制成物体的复制品。

1993 年,麻省理工学院教授伊曼纽尔·萨奇(Emanual Saches)发明了 3DP(Three-Dimensional Printing),即三维印刷成型技术,其成型原理是利用黏结剂将金属、陶瓷等粉末黏结成型。麻省理工学院两年后将这项技术授权给 Z Corporation 进行商业应用,后来开发出彩色 3D 打印机。2005 年,Z Corporation 推出世界上第一台彩色 3D 打印机 Spectrum Z510(图 2-4),标志着 3D 打印从单色开始迈向多色时代。

2007 年,英国巴斯大学的艾德里安·鲍耶(Adrian Bowyer)博士在开源 3D 打印机项目 RepRap 中,成功开发出世界上首台可自我复制的 3D 打印机,代号达尔文(Darwin)。由于这项技术是开源的,其他人可以任意使用并改造。随着更多人参与改进,此项技术不断进化,3D 打印机开始进入普通人的生活。

图 2-4　第一台彩色 3D 打印机

2008 年,以色列 Objet Geometries 公司推出其革命性的 Connex500™ 3D 打印系统(图 2-5),它是有史以来第一台能够同时使用几种不同原材料的 3D 打印机,开创了混合材料打印的先河。

图 2-5　Connex500™ 3D 打印系统

图 2-6　全球首台 3D 生物打印机

2010 年,美国 Organovo 公司研制出了全球首台 3D 生物打印机,这台打印机能够使用人体脂肪或骨髓组织制作出新的人体组织,使 3D 打印人体器官成为可能(图 2-6)。

2012 年,英国《经济学人》发表专题文章,称 3D 打印将是第三次工业革命。这篇文章引发了人们对 3D 打印的重新认识,3D 打印技术开始在社会普通大众中传播开来(图 2-7)。

2013 年,美国前总统奥巴马发表国情咨文演讲强调 3D 打印的重要性;第一届 Inside 3D 大会召开;耐克公司设计出第一款 3D 打印运动鞋;美国 Solid Concepts 公司设计制造出全球首支 3D 打印金属枪(图 2-8);3D Systems 公司完成对法国 3D 打印企业 Phenix Systems 公司的收购。

图 2-7　《经济学人》发表专题文章

图 2-8　全球首支 3D 打印金属枪

第二节　3D 打印技术的典型工艺与优势

一、典型工艺

1. SLA(Stereo Lithography Appearance)光固化快速成型工艺

用特定波长与强度的激光聚焦到光固化材料表面,使之由点到线、由线到面顺序凝固,完成一个层面的打印作业,然后升降台在垂直方向移动一个层片的高度,再固化另一个层面,依次层层叠加,构成一个三维实体。

2. FDM(Fused Deposition Modeling)丝材熔融挤出成型工艺

将热塑性塑料、蜡或金属熔融后从加热的喷嘴挤出,按照零件每一层的预定轨迹,以固定的速率进行熔体沉积。完成一个层面的作业后,工作台下降一个层厚,叠加沉积新层面,如此反复最终实现零件的沉积成型。

3. SLS(Selective Laser Sintering)选择性激光烧结成型工艺

采用红外激光器作能源,使用的造型材料多为粉末材料。首先将粉末预热到稍低于其熔点的温度,然后利用刮平辊的作用将粉末铺平。激光束在计算机控制下,根据分层截面信息,有选择地进行烧结,以得到零件截面,并与下面已成型的部分黏结,全部烧结完后去掉多余的粉末,就可以得到完整的零件。

4. LOM(Laminated Object Manufacturing)分层实体制造成型工艺

以片材(如纸片、塑料薄膜或复合材料)为原材料,激光切割系统按照计算机提取的横截面轮廓线数据,将背面涂有热熔胶的片材用激光切割出工件的内外轮廓。切割完一层后,送料机构将新的一层纸叠加上去,利用热黏压装置将已切割层黏合在一起,然后再进行切割,这样一层层地切割、黏合,最终得到完整的零件。

5. 3DP(Three-Dimensional Printing)三维印刷成型工艺

通过喷头喷射黏结剂将材料粉末黏结成零件截面,完成一层截面黏结后,成型缸下降一个层厚,供粉缸上升一高度,推出若干粉末,并被铺粉辊推到成型缸,铺平并被压实。喷头在计算机控制下,按每层截面的成型数据,有选择地喷射黏结剂建造层面。如此周而复始地送粉、铺粉和喷射黏结剂,最终完成完整的三维粉体。

6. DLP(Digital Light Processing)数字光处理成型工艺

利用高分辨率的数字光处理器投影仪来投射紫外光,光敏树脂在紫外光照射下快速凝固,每次投射成型一个截面。每次截面固化完成后向上提拉一个层高,使当前完成的固态树脂与液态树脂底面分离,并黏结在上一次成型的树脂层上,逐层固化生成实体。

二、3D打印技术的优势

1. 制造复杂产品不增加成本

传统制造方式下,物体形状越复杂则制造成本越高。大部分3D打印工艺,制造一个形状复杂的产品并不比打印一个简单的产品消耗更多的时间、材料或成本(图2-9)。制造复杂物品而不增加成本将打破传统的定价模式,改变我们计算制造成本的方式。

2. 个性化定制产品

3D打印最大优势在于拓展设计人员的想象空间,发挥设计者和生产者的想象力、创造力。未来的装备制造业将更关注个性化定制,3D打印技术让消费者可以根据自己的需求,个性化定制产品(图2-10)。区别于大规

图2-9　3D打印花束

模生产,个性化定制的基本思路是在生产过程中强化产品内部结构的标准化,增加顾客可感知的外部结构多样性。

图 2-10　个性化定制

图 2-11　一体化成型部件

3. 无需组装

传统的大规模生产建立在组装生产线基础上,生产批量化零部件,然后由机器人或工人进行组装。产品组成部件越多,组装耗费的时间和成本就越多。3D打印能够实现部件一体化成型,通过分层制造可以打印主体结构及配套组件,无需重新组装(图 2-11)。没有组装环节就缩短了供应链,节省劳动力成本和运输费用。

图 2-12　发动机复杂零件

4. 设计空间无限

传统制造技术和工匠制造的产品结构有限,制造结构的能力受限于所使用的设备。例如,传统的木制车床只能制造圆形物品,轧机只能加工用铣刀组装的部件,制模机仅能制造模铸形状。3D打印机可以突破这些局限,开辟巨大的设计空间(图2-12),甚至可以制作目前可能只存在于自然界的结构。

5. 提高生产效率

3D打印通过软件建模、数据远程传输、激光扫描、材料熔融等系列技术,使特定金属粉或者记忆材料熔化,并按照三维数据模型一层层叠加起来,最终将数据模型打印成实物。其优点是大大节省工业样品制作时间,且可以打印造型复杂的产品。目前,使用相同数量的耗材制造零件,3D打印的生产效率是传统方法的几倍。3D打印技术代表制造业发展新趋势,突破了传统减材制造加工方法的限制,无需零件毛坯和大型锻造、铸造设备及模具,可实现材料制备与成型的一体化,显著缩短零件制造周期,降低制造成本,提高材料利用率。

6. 不占空间、便携制造

与传统制造设备相比,单位生产空间内 3D 打印设备的制造能力更强。3D打印机调试完成后,打印设备可以自由移动,可以制造比自身还要大的物品。

7. 减少废弃副产品

与传统的金属制造技术相比,3D打印机制造金属零件时产生的副产品较少。传统金属加工的浪费量惊人,90%的金属原材料被丢弃在工厂车间里。3D打印机制造金属时一体直接成型,原料利用率非常高,浪费量大大降低。随着打印材料的进步,"净成型"制造可能成为更环保的加工方式。

8. 材料无限组合

传统制造工艺很难将不同原材料混合加工成一个产品,因为传统制造设备在切割或模具成型过程中无法轻易地融合多种原材料。随着多材料 3D 打印技术的发展,将不同

图 2-13 多材料打印

原材料融合打印制造已成为可能。原本无法混合的原料混合后将形成新的材料,这些材料种类繁多,具有独特的属性或功能(图 2-13)。

9. 精确的实体复制

未来 3D 打印能够实现将数字精度扩展到实体世界,3D 扫描技术和 3D 打印技术将共同提高实体世界和数字世界之间形态转换的分辨率,可以扫描、编辑和复制实体对象,创建精确的复制品或优化原件。

第三节　3D 打印技术的产业发展

一、技术局限性

与任何科学技术一样,3D 打印技术在其形成和发展的过程中存在诸多不足或局限性。比如,3D 打印企业规模不大,规模以上 3D 打印企业极少;由于资金、人才等因素,高端的技术研发能力不足;区域的应用领域市场还未形成规模;各层次的 3D 打印人才缺口都很大等。

1. 规模化生产问题

3D 打印技术具有分布式生产的优点,规模化生产则不具优势。目前,3D 打印技术尚不具备取代传统制造业的条件,尤其是大批量制造、高效低成本的传统减材制造法更胜一筹。对于生产量大的刚性需求产品来说,具有规模经济优势的大规模生产仍比重点放在个性化、可定制的 3D 打印生产方式更加经济。难以形成规模经济是当前 3D 打印的软肋,也是目前科技界和工业界的待解难题。

2. 材料问题

3D 打印发展的瓶颈之一在于材料的局限性,现在真正应用于工业制造领域的 3D 打印材料还非常有限;而在民用方面,3D 打印更像是工艺品的一种制造方法,可用材料也非常有限。一种可靠的、适合 3D 打印的材料应该具备使用的方便性、成本的可控性、性能的可靠性这三个特性。根据材料科学的发展规律,实现 3D 打印材料的丰富性可能还需要10 年左右。

3. 知识产权问题

3D 打印技术自面世以来发展迅速,当前 3D 打印技术在军事、医学、航天等领域的应用较为广泛,随着打印成本逐渐降低,该技术可能逐步进入普通家庭,成为影响人们生活的重要发明之一。3D 打印技术作为一项具有广阔发展前景的前瞻性技术,背后隐藏的知识产权隐患不得不引起人们的重视,尤其是在专利领域面临的风险更为突出。在现行法律框架内,需要针对 3D 打印行为发生的不同阶段予以综合认定,以破解 3D 打印技术所面临的知识产权困境,构建良性发展新平衡。

4. 打印精度问题

目前通过 3D 打印技术制造的成品,其精度大多达不到传统工艺的要求。另一方面,打印效率也不适应规模化生产的需求,而且受 3D 打印机工作原理的限制,速度与精度两者很难兼得。此外,3D 打印产品没有经过热加工,其硬度、强度、刚性、耐疲劳性等力学性能都无法与铸件、锻件相比,同时目前的打印机并不能实现大尺寸零件的制造。

5. 成本问题

工业级制造成本居高不下是制约 3D 打印技术产业化的重要因素之一,虽然 3D 打印技术减少了切削、模具、成型、组装等方面的制造成本,但是增加了软件、设计、材料、服务等环节的成本,导致总体制造成本较高。由于工业级 3D 打印设备售价很高,从而在一定程度上限制了中小企业和个人用户的市场推广。此外,3D 打印设备往往需要特殊的能源动力(如激光),而激光系统(包括激光器、冷却器、电源和外光路)的价格及维护费用昂贵,致使成型件的成本较高。

二、3D 打印产业发展举措

3D 打印技术产业基本形成了以建模工具和材料开发为上游,以打印设备为中游,以应用推广和服务为下游的完整产业链结构。3D 打印设备是集机械、控制及计算机技术等为一体的复杂机电一体化系统,属于典型的智能制造装备。3D 打印应用与服务已经广泛渗透到汽车零部件、家电、玩具、工艺品等领域,但 3D 打印应用与服务的市场远远没有得到深度开发。3D 打印产业发展势必扩大 3D 打印的应用与服务领域,推动包含工业设计机构、3D 数字化技术提供商、3D 打印机及耗材提供商、3D 打印设备经销商、3D 打印服务商的应用与服务体系等技术体系建设,为行业的快速发展起到支撑作用。

1. 推动 3D 打印产业联盟建设

3D 打印产业联盟的建设,能够集结高等院校、工业设计企业、3D 打印设备及材料研发企业和 3D 打印服务应用企业等相关主体实现优势互补、技术交流,促进 3D 打印产业主体的协同发展,有利于推动 3D 打印技术研发、应用领域拓展。充分发挥产业联盟的积极性,为企业提供信息、技术、交流服务,起好纽带和桥梁作用,促进产业可持续发展。

2. 建设产业公共技术服务平台

以 3D 打印骨干企业为龙头,由广大 3D 打印应用服务相关企业为主体,共同构成 3D 打印技术产业公共技术服务平台。为了提高建设的速度和推进的质量,需要引进 3D 打印行业标杆企业,通过低成本让渡 3D 打印技术使用权,让广大中小企业分享先进的智能制造技术,快速拓展 3D 打印技术在各行业的应用。

3. 建立产学研政平台建设机制

依托政府主管部门、龙头企业、技术产业研究院以及 3D 打印产业联盟、快速制造工程研究中心等强大的产业技术平台,并根据平台积累的产业数据和信息,共同分析、研究 3D 打印产业发展现状与人才需求情况。从课程体系构建、师资队伍建设、教学资源建设、实践教学条件建设、实习实践基地建设等方面开展全面合作,切实培养符合区域产业发展需求的人才,同时促进区域产业的蓬勃发展。

4. 强化人才队伍建设

鼓励地方高校、研究所切合行业、企业需求设置相应专业开展人才培养工作,学校与企业合作发挥各自优势、协同育人,建立产学研政平台建设机制。加快引进 3D 打印产业的高层次人才,建立具竞争优势的人才引进政策。对于符合条件的优先纳入申报市、省高层次团队人才,在项目及人才补贴、住房、落户、子女就学等方面可享受相关政策。

5. 建立技术产业应用试点

在装备铸造、汽车及汽车零部件、电子、建材、模具、塑胶、教育、医疗等行业选择试点企业,开展 3D 打印技术应用试点。将本地 3D 打印企业生产的设备、耗材等产品列入地方产品采购目录。逐步在中小学普及配置 3D 打印设备及教学软件,开展 3D 打印教育培训。

6. 加大各类媒体宣传力度

充分利用报纸、电视、网络等各类媒体,特别是通过 3D 打印微信平台,广泛开展 3D 打印产业政策、产业园、研究院和落户企业的宣传。不定期聚集 3D 打印企业开展宣传推广、产品展示等各类科普活动。通过举办产业高峰论坛等形式,促进 3D 打印技术交流,对 3D 打印产业成果进行广泛宣传。

练习题

一、简答题

1. 推动 3D 打印技术发展有哪些举措?

2. 简述 3D 打印技术当前存在的局限性。

3. 简要分析 3D 打印技术的优势。

4. 简述 3D 打印技术的发展趋势。

二、填空题

1. 3D 打印技术的典型工艺包括_____、_____、_____、_____等。

2. 常见的 3D 打印技术材料有液态材料、_____、_____、_____等。

3. 需要激光器的打印工艺包括_____、_____、_____等。

4. 根据工艺特点分析,_____工艺可以打印金属零件等。

第三章 丝材熔融挤出成型工艺

第一节 FDM工艺的典型应用

丝材熔融挤出成型(Fused Deposition Modeling,下面简称FDM)工艺具有操作简单、色彩多样、成本低廉等特点,广泛用于教育、文创、汽车和医疗等领域。FDM工艺是概念建模、功能原型、辅助工具和小零件生产的理想选择,一方面可快速设计制作产品,大幅度缩短产品制作周期;另一方面产品结构不受限,可对产品设计进行快速验证、结构优化。

图3-1 教学模型

1. 创新教育

FDM工艺在各高校的创新创业教育活动中发挥重要作用,采用FDM打印实现创意方案的实体化,进行方案分析、验证、改进等,培养学生结构设计、数据处理、设备维护、三维建模等方面的能力。FDM工艺被广泛应用于各类大学生学科竞赛,如机器人大赛、方程式赛车、机械设计大赛等,有助于学生快速验证方案优劣性。FDM工艺也可用于各种教具的设计及打印,比如分子模型、数字模型、生物样本、物理模型等,创新课堂教学模式,激发学生学习兴趣(图3-1)。

2. 文化创意

FDM工艺可应用于各种文化创意产品设计与展示,能够很好地满足创新设计与不同用户的个性化产品需求,给文化创意产业的发展注入了十分强劲的动力。FDM工艺的逐步推广和应用,对文化创意产业产生了很大的影响,主要表现在以下几个方面:(1)解决了个性化产品的异形结构、复杂结构的制造难题,实现了一体化成型,缩短了制造周期;(2)为了保护珍贵文物不受环境或意外事件的损坏,博物馆通常将3D打印复制品替代真品进行展示,高仿复制品同样具有文化传承作用;(3)FDM工艺正在改变传统动漫手板行业,越来越多的动漫机构和个人爱好者利用FDM打印技术把自己独具匠心的创意设计快速、立体地展现出来,实现从创意设计转变成实体三维模型的过程(图3-2)。

图3-2 动漫人物

3. 医学医疗

FDM 工艺打印的医学实体模型应用场合较多,包括:(1)突破二维 CT 图像的平面信息到三维实体模型,可以直观地观察病灶部位,有利于进行手术讨论、术前规划及医患沟通;(2)模拟手术过程,例如骨折手术中,通过打印模型可以明确骨折的位置及状况,模拟手术过程,制定最优的手术方案(图 3-3);(3)FDM 快速打印制作假体进行讨论分析,经反复修改调整优化后,制作最终的、生物相容性良好的假体,从而大大提高假体的模型质量,提高假体植入的效果及使用寿命;(4)医学专业教学中,可以根据课程案例需要制作实体模型,有助于学生更好地理解身体器官、组织,提高学生的学习效果。

图 3-3　骨骼模型

第二节　FDM 工艺原理

1988 年,美国人斯科特·克伦普(Scott Crump)发明了 FDM 工艺,随后成立了 Stratasys 公司。1992 年,第一台基于 FDM 工艺的 3D 打印设备出售,该成型技术被 Stratasys 公司在世界多个国家注册了专利。FDM 工艺以电热能作为成型能源,将各种成型塑料或合成材料的丝材(如工程塑料 ABS、PLA、PC 等)加热至熔融状态并经喷头挤出,根据三维模型的数据堆积成型。

3D 打印数据来源于三维软件建模或逆向扫描获得三维数据,数据经处理后得到三维模型,再经过 STL 格式转换、加支撑、分层,最终实现打印实体模型。FDM 设备内置软件自动识别 STL 格式的 3D 模型数据,分层工具将模型切片,生成由薄片组成的模型数据。软件生成打印路径以及支撑路径,数据转换成打印机可以识别的代码(如 G 代码)。

FDM 设备加载模型数据后识别数据代码开始打印,打印喷头和打印平台加热至设置的温度,丝材在电机的作用下持续送料,材料经过高温熔化成熔融状态,通过打印喷头被挤出。打印喷头沿着水平 X、Y 方向移动,材料挤出后温度降低凝结固化,打印平台沿着 Z 轴竖直方向移动逐层打印,层层堆积形成立体模型(图 3-4 和图 3-5)。

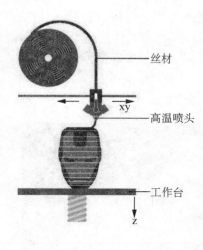

丝材

高温喷头

工作台

图 3-4　FDM 工艺原理

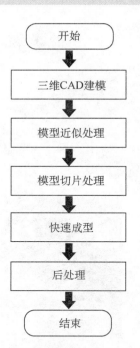

开始

三维CAD建模

模型近似处理

模型切片处理

快速成型

后处理

结束

图 3-5　FDM 工艺流程

图 3-6　三维 CAD 模型

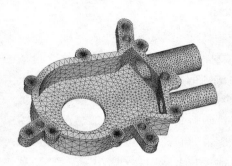

图 3-7　三角面片处理

1. 建立三维 CAD 模型

三维 CAD 模型数据是 3D 打印的依据,是实体模型的数据信息来源,需要利用三维软件构建三维 CAD 模型(图 3-6)。可用于设计构建三维模型的软件很多,常用的有犀牛、Solidworks、Pro/E、UG、Maya 等。此外,还有通过逆向扫描获得三维数据并进行数据处理的软件,如 Geomagics、Solidedge 等,这些软件都具有很好的通用性。

2. 三维 CAD 模型的近似处理

对于具有复杂曲面的工件或产品,为了便于数据处理和提高软件数据处理效率,三维数据需要进行格式转换。3D 打印的通用格式一般为 STL 格式,其特征是用片片相连的三角面片代替原来的模型曲面,相当于将原来的所有曲面用三角面来量化处理(图 3-7)。将三角形的法向量以及它的三个顶点坐标对每个三角形进行确定的标识,可以通过设定三角形面的多少和三角形的尺寸来改变模型的精度,以达到模型精度的要求。STL 格式文件方便、快捷,数据方便存储,大部分三维软件都具备输出 STL 格式的功能。STL 格式在目前 3D 打印制造过程中得到广泛的应用,成为 3D 打印的通用格式。

3. 三维 CAD 模型数据的切片处理

FDM 是以层为单位的加工方式,因此 3D 打印快速成型加工时需要对 STL 数据进行分层切片处理,确保打印机获得每一层切片的行走轨迹及每层的数据。经过切片后的数据文件进一步转换为打印机可识别的格式,再将数据文件导入到 3D 打印机中进行加工。模型切片越多,模型加工越细致,加工时间越长,反之则成型质量低,加工效率提高(图 3-8)。

4. 模型打印成型

经过分层切片处理的模型数据加载到 FDM 设备,设备识别数据代码开始打印,打印喷头沿着水平 X、Y 方向移动,打印平台沿着 Z 轴竖直方向移动逐层打印,由下而上逐层加工堆积形成立体模型(图 3-9)。

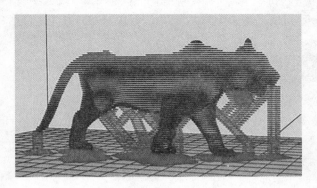

图 3-8　模型分层切片处理　　　　　图 3-9　FDM 工艺模型

5. 模型后处理

打印完的模型还需进行后处理,如去支撑、打磨、抛光、上色等加工,以进一步提升模型质量。FDM 工艺打印的模型表面往往存在逐层堆积的横向纹理,且去除支撑后会残留材料斑点,通过砂纸打磨可以消除模型表面的层线纹路。根据打印材料的性能差异,选用不同的抛光技术可以进一步提升模型表面质量。最后,根据模型用途及需求进行喷漆上色(图 3-10)。

图 3-10　后处理效果对比

第三节　FDM 工艺特点

一、FDM 工艺的优点

FDM 工艺与其他 3D 打印工艺相比具有设备便宜、操作简单、成本低廉等优势,在 3D 打印领域占有非常重要的地位。随着技术设备的升级和打印材料种类的增加,FDM 工艺不断突破自身的技术限制,快速拓宽更多、更广的应用领域。

随着 FDM 工艺技术的发展、打印材料价格的降低、设备操作的简单化,以及大型设备生产商的资金投入,FDM 工艺打印设备受到越来越多用户的青睐。目前,FDM 工艺广泛应用于很多领域,如医疗、建筑、文创、娱乐、考古、教育及工业制造等。相比于传统制造方法,FDM 工艺有其独特的优势。FDM 工艺优点主要包括以下几个方面:

(1) 设备和材料价格相对便宜,不使用激光器,容易维护,打印成本低。

(2) 可快速打印小型零部件、创意产品、玩具模型等(图 3-11)。

(3) 没有异味、毒性或燃烧等人身安全隐患,可作为办公设备置于家里或办公场所(图 3-12)。

(4) 可以使用多种材料,如各种颜色的工程塑料 ABS、PLA、PC、PPSF 等(图 3-13)。

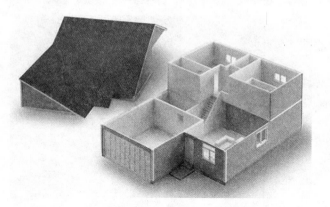
图 3-11　FDM 工艺模型

图 3-12　FDM 打印设备

图 3-13　彩色 FDM 模型

（5）与其他打印工艺所使用的粉末或液态材料相比，FDM 打印丝材更加干净、易于更换、清理及保存，不会黏附于设备带来气味、粉尘等污染。

（6）后处理流程及工具简单，使用铲刀、剪刀等工具快速将模型从平台剥离，去掉模型的支撑后可以用砂纸进行打磨。

二、FDM 工艺的缺点

FDM 工艺经过多年的发展已经逐渐成熟，具备诸多技术优势因而得到广泛应用，但也存在一些技术层面的不足，比如模型成型精度不高、打印速度慢、打印材料限制等。

1. 成型精度不高与打印速度较慢

精度与速度关系一直是 FDM 打印工艺发展的制约因素，打印成型精度与打印效率呈反比关系，即打印速度越快成型精度越低，表面产生纹理（图 3-14），打印速度越慢成型精度越高。追求高精度的打印效果而损失大量的打印时间，工业制造上也是较难接受的。因此，要解决打印精度与打印速度的矛盾，需要根据实际应用要求进行选择。可以采用兼顾新技术和传统技术的加工方法，即传统减材制造技术与增材制造技术结合，先用快速、低精度的 3D 打印，以保证打印效率，后续使用传统减材制造技术来保证成型精度。

图 3-14 表面纹理

2. 控制系统的智能化不足

虽然 FDM 打印软件及设备操作相对简单，但成型加工过程中仍需要调整各种参数，要求具有熟练技术经验的人员进行操作，随时监控成型进度和状态才能确保打印出高质量成型件。成型过程偶尔会出现各种异常情况，而现有 FDM 打印设备往往无法识别、排除这些故障，如果不进行人工干预，在出现错误的状态下打印机会继续打印，或者中途丝材断裂，导致打印机在无法供料的情况下空打，最后都难以打印出预期的产品（图 3-15）。考虑到这些问题，FDM 打印设备的智能化升级显得非常重要，打印机能够自动识别故障与排除是 FDM 工艺技术发展的重要方向，最终实现智能化打印。

图 3-15 打印故障

3. 成型材料局限性较大

目前，FDM 成型材料的环保性、种类、性能等方面的问题得到逐步改善，但仍然有些问题有待进一步解决。比如，成型材料容易受潮变脆而易断，若材料受潮，将会影响材料熔融挤出的流畅性，还容易造成喷头堵塞，从而最终影响模型的成型。因此，打印材料要用密封袋进行密封保存，使用时需加以烘干处理。模型打印过程中及打印后固化过程中会产生一定程度的收缩，材料的收缩会造成模型的翘曲现象，还会导致成型工件的变形，影响模型加工精度（图 3-16）。

图 3-16 翘曲现象

第四节　FDM 典型设备及系统构成

一、FDM 设备系统构成

目前,FDM 技术已经比较成熟,技术门槛相对较低,国内外的 FDM 设备生产企业非常多。如,国外的 Stratasys、MakerBot、3D Systems 等公司,国内的极光沃尔、先临三维、盛泰科技、闪铸科技等公司,设备品牌与规格繁多,工作原理与设备主要结构基本相似。

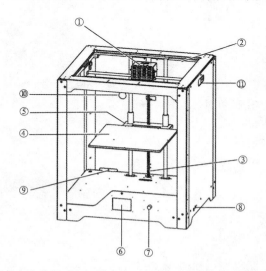

①打印喷头;②X-Y 轴水平运动机构;③Z 轴竖直运动机构;
④打印平台;⑤平台支架;⑥控制显示屏;⑦多功能旋钮开关;
⑧数据传输存储端口;⑨电源开关插座;⑩挂料孔;⑪搬运槽

图 3-17　FDM 设备系统构成

FDM 打印机的基本结构包括打印喷头、X-Y 轴水平运动机构、Z 轴竖直运动机构、打印平台、控制显示屏、多功能旋钮开关、数据传输存储端口等(图 3-17)。数据传输存储端口的功能是加载传输模型数据;控制显示屏与多功能旋钮开关的功能是设置设备参数、打印参数、模型数据选择等;打印喷头的功能是将加热熔融的打印丝材根据模型分层路径进行挤出打印每层平面图形;X-Y 轴水平运动机构的功能是控制打印喷头的水平运动轨迹;Z 轴竖直运动机构的功能是控制打印喷头的竖直运动轨迹;打印平台的作用是承载打印出来的实体模型。

二、典型的 FDM 设备

FDM 打印技术是目前 3D 打印领域普及最广的技术,FDM 打印机随处可见,成为普通大众最容易接触的 3D 打印设备。FDM 打印机在中国甚至世界 3D 打印机市场占有较大的比例,比较著名的品牌系列有 MakerBot Replicator 系列、3D Systems 的 Cube 系列,先临三维的 Einstart 系列、极光尔沃的 A 系列等。

1. MakerBot Replicator 系列

MakerBot Replicator 系列包括 MakerBot Replicator Mini、MakerBot Replicator Z18 和 MakerBot Repliactor5 等型号的 3D 打印机。MakerBot Replicator Z18 是 Replicator 系列的新款产品,支持 APP 应用程序和数据云处理(图 3-18),配置包括 8.9 cm (3.5 英寸)全彩液晶显示器、嵌入式摄像头、自诊断功能、智能喷头、同时具备 USB/网线/Wi-Fi 连接能力等。打印精度为 100 μm,能够打印高品质、高精度的复杂模型。

2. Stratasys 的 F123 系列

Stratasys 的 F123 系列包括 F170、F270 和 F370（图

图 3-18　MakerBot Replicator Z18 打印机

3-19)三种型号的 3D 打印机,该系列 3D 打印机可兼容五种材料类型(包含 10 种不同的颜色),及可轻松去除的可溶性支撑材料。F170 和 F270 可打印 PLA、ABS 和 ASA,而 F370 还可以打印 PC-ABS 和 TPU 弹性材料,这些 FDM 材料可用于各种原型打印和零部件加工。例如,PLA 可低成本地快速打印概念原型,ASA 和 ABS 可打印力学性能更好的原型,PC-ABS 主要用于生产抗冲击的工程级部件。该系列设备上装有 GrabCAD 打印软件,无需转化 STL 格式而直接读取原始 CAD 文件,触摸屏界面和遥控装置便于用户直观操控,能够实现远程管理和监控 3D 打印过程。

图 3-19 Stratasys F370 打印机

3. 极光沃尔的 A 系列

极光尔沃的 A 系列包括 A6、A7、A8 和 A9 等型号的 3D 打印机,A9 打印机是工业级大尺寸设备(图 3-20)。它具有四大技术特点,①磁吸式喷头:磁吸式喷头组件设计,能快速解决喷头引起的系列问题;②断电续打:打印过程中主动终止或意外断电都可以接着打,具断电自锁功能;③特殊多层打印平台:柔性纳米聚合平台、微晶玻璃和优质铝板;④彩色触控显示屏:4.3 英寸高清触摸屏,强大的人机交互界面。

4. 先临三维的 Einstart 系列

先临三维的 Einstart 系列包括 Einstart-C、Einstart-D、Einstart-S、Einstart-P(图 3-21)等型号的 3D 打印机。Einstart-C 打印机有独创的"开机一键打印";可免 PC 操作直接云端打印;全自动对高调平,无需手动调整;声音提示反馈设备状态;全彩触摸显示屏,可直观便捷地操作;局域网无线连接,一台计算机可无线控制多台打印机,方便学校教学管理。

图 3-20 极光沃尔 A9 打印机   图 3-21 先临三维 Einstart-P 打印机

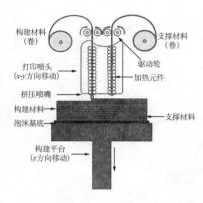

构建材料（卷）
支撑材料（卷）
打印喷头（x-y方向移动）
驱动轮
加热元件
挤压喷嘴
构建材料
支撑材料
泡沫基底
构建平台（z方向移动）

图 3-22　双喷头 FDM 工艺

5. 双喷头 3D 打印机

双喷头 3D 打印机的推出实现了 FDM 多材料打印（图 3-22），促进混合材料成型相关技术的快速发展，典型的双喷头 FDM 设备包括弘瑞 X500-D、盛泰 STFDM-303040B、闪铸 Dreamer pro、西锐 Mentor225 等产品。盛泰科技的 STFDM-303040B 双喷头 FDM 打印机，支持两种材料同时混合打印（图 3-23），既可以实现产品结构的不同材料成型，也可以实现产品与支撑的不同材料打印。喷头温控自主专利技术能够实现不间断运行 400 h 以上，微米级滚珠轴承与双丝杠四轴设计确保高精度定位与打印（图 3-24）。

图 3-23　盛泰 STFDM-303040B 双喷头打印机

图 3-24　双喷头 FDM 成型件

第五节　FDM 打印材料

随着 FDM 技术的不断改进升级，FDM 打印机品牌及型号越来越多，FDM 打印耗材也在快速发展。随着技术的不断创新和市场需求的扩大，近年来诸多耗材厂商在原有耗材 ABS、PLA 等基础上持续创新，有些在原有材料中加入新配料，从而赋予材料新的属性和功能，有些研发全新的高性能材料。目前，可以用于 FDM 成型技术的材料已经得到大幅度扩展，包括 ABS、PLA、PC、尼龙，甚至食物（如可融化的巧克力）。

FDM 打印线材一般为热塑性材料，以线状供料，每卷 500 g 或 1 kg，材料成本较低。与其他 3D 打印工艺使用粉末材料和液态材料相比，线材更环保，易于更换、清理及保存，不会形成粉尘或黏稠液体污染。FDM 工艺对材料的要求十分严格，材料通过马达齿轮卷进喷头加热，齿轮与固定轮中间的间距是固定的，丝线不能太粗，过粗的丝线会造成无法送丝或造成送丝机构损坏；丝线也不能过细，过细则送丝机构无法检测到丝线。因此，FDM 打印丝材的要求规格固定，直径一般为 1.75 mm 和 3 mm 两种规格。FDM 工艺采用热塑挤出的方法，类似于注塑机的加热注塑，丝材要经过"固态-液态-固态"的形态转变，打印机对材料的性能、加热温度、模型收缩率等有着严格的要求，这不仅约束了打印材料的种类，同时提高了打印机的研发门槛。

表 3-1　FDM 常用成型材料

名称	成型温度/℃	材料耐热温度/℃	收缩率/%	外观	性能
ABS	200～240	70～110	0.4～0.7	浅象牙白色	强度高,韧性高,耐冲击,耐热性适中
PLA	170～230	70～90	0.3	较好的光泽性和透光性	可降解,抗拉强度高,延展性好,耐热性一般
PC	230～320	130 左右	0.5～0.8	多为白色	强度高,耐高温,耐冲击,不耐水解
PP	120～150	70 左右	0.3	多为白色	无毒,光洁度好,耐热性较差

目前常用的几种打印材料如表 3-1 所示,不同材料之间成型温度有差异,收缩率及材料性能各不相同。除了以上几种常用材料外,FDM 还可以使用 PPSF/PPSU、PEI 塑料 ULTEM 9085 以及一些水溶性材料,PPSF/PPSU 是所有热塑性材料中强度最高、抗热性最好、耐腐蚀性最好的材料,热变形温度达到 190 ℃;PEI 塑料 ULTEM 9085 强度高、耐高温、抗腐蚀,热变形温度可达 150 ℃,收缩率良好,仅为 0.1%～0.3%,稳定性也很高。

1. ABS 材料

ABS 是三种塑料丙烯腈-丁二烯-苯乙烯共聚物,为五大合成树脂之一,具有抗冲击、耐热、耐低温、耐化学药品腐蚀及电气性能优良等诸多优良性能,同时还具有易加工、成品尺寸稳定、表面光泽度良好等优点。ABS 制品容易涂装、染色,还可以进行表面喷镀金属、焊接、电镀、热压和黏结等二次加工,广泛应用于机械制造、汽车部件、大小电器、仪器仪表、数码产品、纺织和建筑等领域,是一种用途十分广泛的热塑性工程塑料(图 3-25)。

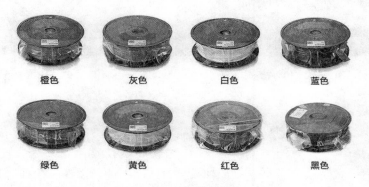

图 3-25　ABS 打印耗材

ABS 的原材料来源于原油,其价格主要受到国际原油价格的波动影响,国际原油价格持续走低则 ABS 价格下跌,反之则升高。从以往数据看,ABS 均价基本维持在 15 000 元/吨左右。

2. PC 材料

PC 即聚碳酸酯,是分子链中含有碳酸酯基的高分子聚合物,根据酯基的结构可分为脂肪族、芳香族、脂肪族-芳香族等多种类型,具有弹性系数高、耐冲击、耐高温、透光性好、良好的可染色性、低成型收缩率、尺寸稳定性良好、耐疲劳性好、耐气候性好、电气特性优良无味无臭、对人体无害、符合卫生安全等特点,可用于光盘、汽车配件、办公设备、箱体、产品包装、医药包装、照明、薄膜等产品。随着 PC 产能的不断增加,近年价格总体上呈下行趋势。

3. PP 材料

PP 即聚丙烯,是一种由丙烯聚合而成的热塑性树脂。它无毒无味,密度小,强度、刚度、硬度、耐热性均优于聚乙烯,具有良好的介电性能和高频绝缘性,不受湿度影响,但受温度影响较大,低温时会变脆,不耐磨,易老化。PP 材料适于制作一般机械零件、耐腐蚀零件和绝缘零件,由于抗酸碱性能优良,可有效抵抗酸、碱等有机溶剂的侵蚀,可用于制作餐具(图 3-26)。

4. PLA 材料

PLA 即聚乳酸,其热稳定性能好,有较好的抗溶剂性,可加工的方式很多,有挤压、纺丝、双轴拉伸、注塑吹塑等(图 3-27)。PLA 制品不但能生物降解,其生物相容性、表面光泽度、材质透明性、手触感和耐热性好,还具有一定的抗菌性、阻燃性和抗紫外光性,用途十分广泛。这种材料可用于包装材料、纤维和非织造物等,主要应用于服装、工业和医疗卫生等领域。目前,PLA 原料大多来自于玉米、木薯等高淀粉农作物,它是环境友好的环保材料,成本相对较高,因此 PLA 价格高于 ABS、PC、PP 等工程塑料。

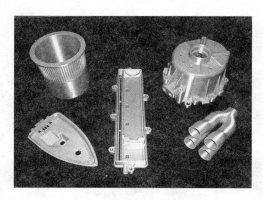

图 3-26　PP 成型件

图 3-27　PLA 成型件

图 3-28　合成橡胶成型件

5. 合成橡胶材料

合成橡胶是一种通过化学方法人工合成的类似天然橡胶的材料,合成橡胶能够有效补充天然橡胶资源不足的问题。合成橡胶材料性能不如天然橡胶全面,但是合成橡胶具有高弹性、绝缘、气密性、耐油蚀、耐高、低温等诸多性能,因而在工农业、国防、交通及日常生活中得到广泛应用。FDM打印的橡胶类产品主要有电子产品、医疗设备、卫生用品、汽车轮胎以及绝缘材料等(图 3-28)。

6. 支撑材料

支撑就是在 3D 打印成型过程中对模型进行支撑(图3-29),确保模型顺利成型的结构,在打印成型完成后,需要去除支撑材料。因此,要求支撑材料具有一定的便于清除性能。目前常用的支撑材料多为水溶性材料,放在水中能够溶解去除,方便剥离后处理。

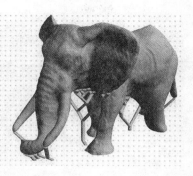

图 3-29　3D 打印支撑

考虑到 FDM 工艺的特点,其支撑材料要能够耐受一定的高温,具有不与成型材料相浸润、可通过水或者酸去除、熔融温度低、流动性好等特点。FDM 工艺对支撑材料的具体要求及参数特性如表 3-2 所示。

表 3-2　FDM 工艺的支撑材料性能要求

性能	具体要求	原因
耐温性	耐高温	要求既能承受打印喷头传递的高温,又能承受支撑板传递的高温,且不易变形或分解
与成型材料的亲和性	与成型材料不浸润	要求既能达到支撑的目的,又能较方便地去除,与模型的亲和性不能过好,否则不易去除
溶解性	具有水溶性或者酸溶性	可溶性支撑材料一般用于具有复杂内腔、孔隙的原型,这类材料有助于后处理,模型成型完毕后,可以将模型放入某种溶液里溶解去除支撑,确保模型成型完整。可溶性材料要保证只溶解支撑而不能溶解模型本身
熔融温度	低	材料熔融温度低,可以让材料在温度较低时就可挤出,从而提高打印喷头的工作寿命
流动性	高	由于支撑材料不是模型本身,只要达到支撑目的,因此支撑精度不需要很高,为了提高设备的扫描速度,支撑材料需要具有很好的流动性

第六节　FDM 打印流程

3D打印流程包括三维模型获取(建模或逆向)、三维模型处理、设备参数设置、模型打印、后处理等。三维模型是零部件 3D 打印成型的重要基础,任何 3D 打印工艺都是以模型数据为依据,三维模型可以通过 UG、Pro/E、Solidworks 等三维软件进行建模,或者采用逆向工程将已有的产品或零部件进行三维数据的采集与处理。

一、三维模型处理

Cura 软件是 Ultimaker 公司推出的专业三维数据模型处理软件,具有功能强大、操作简单、处理高效等优点,得到各大设备厂商的推荐。Cura 软件的功能模块与三维模型处理步骤如下:

1. 选择合适的软件版本下载安装 Cura 软件,打开软件界面(图 3-30)。

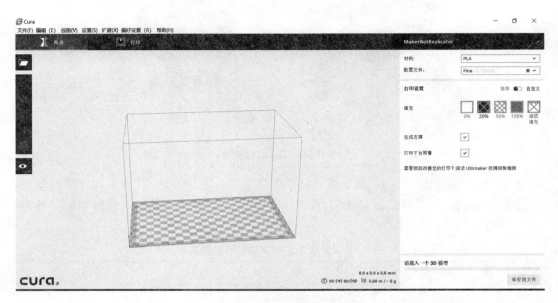

图 3-30　Cura 软件界面

2. 新建项目或打开文件导入需要处理的三维数据模型(图 3-31)。Cura 软件的功能菜单包括文件、编辑、视图、设置、偏好设置等功能项,典型的功能项如图 3-32、图 3-33 所示。

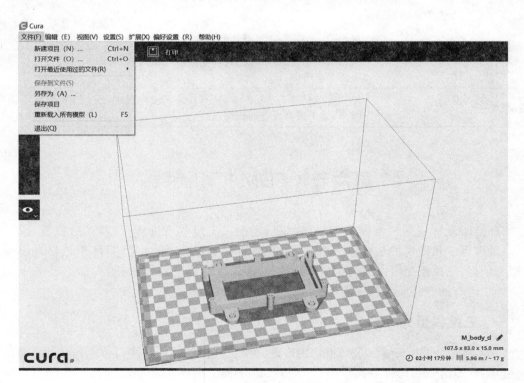

图 3-31　导入三维模型

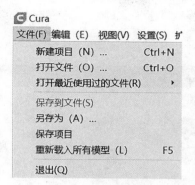

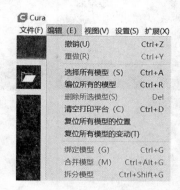

图 3-32 "文件"功能项   图 3-33 "编辑"功能项

其中,"偏好设置"功能项包括基本、设置、打印机、材料等参数设置(图 3-34、图 3-35)。

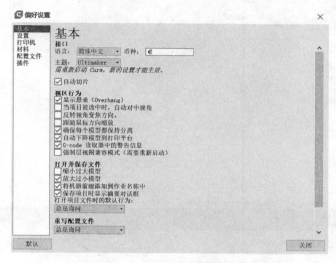

图 3-34 基本参数设置界面

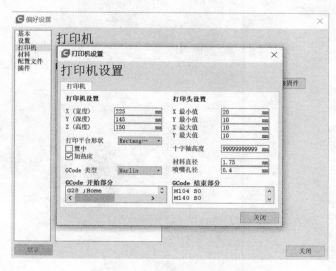

图 3-35 打印机参数设置界面

其中,"视图"功能项包括实体、透视、分层三种显示模式(图 3-36～图 3-38)。

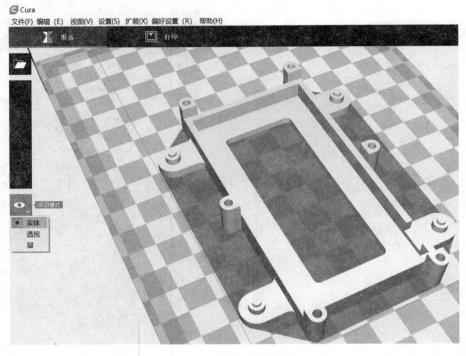

图 3-36　实体显示模式

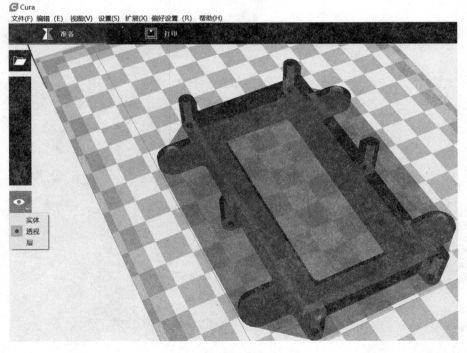

图 3-37　透视显示模式

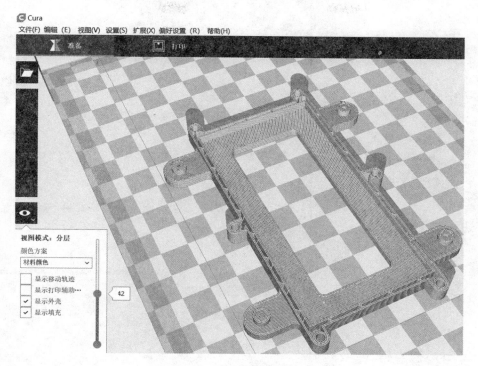

图 3-38 分层显示模式

3. 导入三维数据模型后,可以进行一系列模型处理为后续打印作准备,包括移动、缩放、旋转等(图 3-39)。

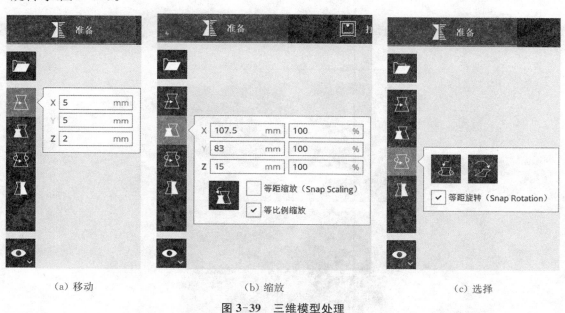

(a)移动　　　　　　　　(b)缩放　　　　　　　　(c)选择

图 3-39 三维模型处理

4. 经过系列处理后,设置填充、支撑和切片参数,加载模型支撑进行切片处理,完成后输出 GCODE 文件(图 3-40)。

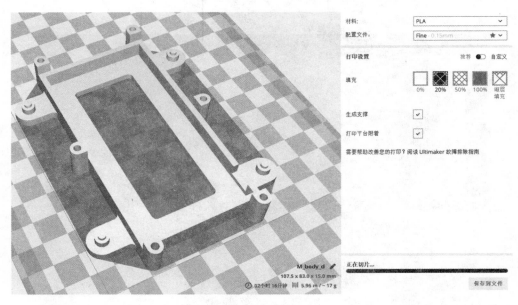

图 3-40　输出 GCODE 文件

二、三维模型打印

FDM 设备生产厂商一般都有相应品牌的系列 FDM 3D 打印设备,打印工艺原理与主要操作流程基本一致,下面以 SUNTALL 公司的 STFDM 设备为例,详细介绍 FDM 打印操作流程。

1. 启动设备

接通打印机电源,打开位于机器侧面的电源开关即可启动打印机(图 3-41)。

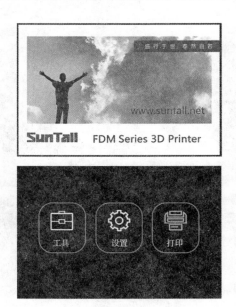

图 3-41　打印机启动界面

2. 耗材装载

将挂料架及耗材安装在机器背面左侧预留的方形孔位;将导料管卡在打印头束管固定架上,耗材穿过导料管(图3-42)。

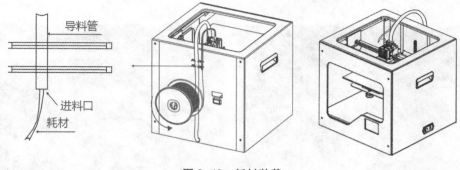

图3-42 耗材装载

3. 打印准备

打印设备的准备包括参数设置、预热、自动调平等(图3-43)。

自动调平:底板与喷头的间隙太大则模型无法粘住底板,间隙太小则模型不易取下,间隙大小为两张A4纸的厚度比较合适。在工具菜单中选择"自动调平",喷头会在三个点之间移动计算高度差,最后停在底板中间,然后按屏幕提示操作(图3-44)。

图3-43 打印准备

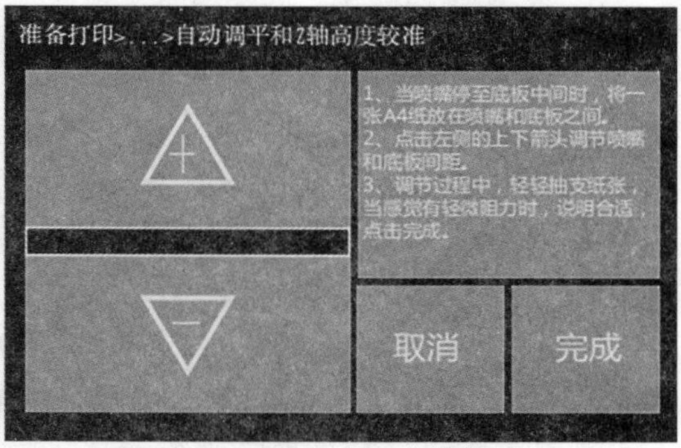

图3-44 自动调平

温度设置:选择工具菜单下的预热选项,按"增加"来设置打印喷头和热床的预热温度(图3-45)。通过温度设置档位调节增加的量,可按1 ℃、5 ℃或10 ℃的跨度调节。调节至耗材所需要的温度,普通PLA的打印喷头温度设置为220 ℃,热床温度设置为50 ℃。

4. 导入文件

将GCODE格式的文件拷贝到U盘或SD卡中,并插入设备相应的卡槽以导入打印文件

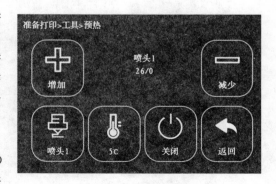

图3-45 温度设置

（图3-46）。

5. 模型打印

选择打印选项,在文件目录内选择需要打印的文件,点确认即可打印。在打印过程中可以取消和暂停打印,也可以通过操作选项更改打印温度和打印速度（图3-47）。

图3-46　导入文件　　　　　　　　　　　图3-47　模型打印

三、注意事项

1. 尽量使用经过测试的原厂耗材,否则容易造成打印喷头堵塞;

2. 打印前需保证打印底板固定妥当、表面光洁;

3. 切勿接触水源,否则会造成机器损坏;

4. 打印时打印头喷嘴温度高于200℃,注意避免烫伤;

5. 若耗材选用ABS,则ABS熔融略有异味产生,需保持空气通畅;

6. 打印过程若耗材即将用尽,可暂停打印更换耗材,亦可直接将耗材装入打印喷头。

练习题

一、填空题

1. FDM成型技术又叫_____成型。

2. FDM主要打印材料有_____、_____、_____和_____。

3. FDM成型技术成型特征主要是通过喷头_____、_____轴移动和平台_____向的移动实现三维立体模型的成型。

4. FDM参数修改软件一般仅识别_____格式的文件,并对其进行格式转换,产生打印机可执行的文件。

5. FDM技术目前存在_____、_____和_____等技术缺陷。

二、选择题

1. 以下不属于FDM打印技术特点的是（　　）。

　A. 打印速度快　　　　　　　　　　B. 成型精度高

　C. 模型不易于后处理　　　　　　　D. 成型模型容易变形

2. FDM打印材料中,哪种材料熔点低且可降解（　　）。

A. PP   B. ABS   C. PLA   D. PC

3. FDM 打印丝材容易出现的问题不包括(　　)。

  A. 易受潮   B. 易变脆   C. 易变性   D. 易变软

4. 影响 FDM 成型精度的因素不包括(　　)。

  A. 切片厚度   B. 打印速度   C. 模型大小   D. 材料收缩

5. FDM 数据处理环节主要操作步骤不包括(　　)。

  A. 设定粗糙度   B. 设定层厚   C. 加支撑   D. 切片

三、简答题

1. FDM 的成型流程分为哪几部分?

2. 简述 FDM 成型技术的优势与主要应用。

3. FDM 打印设备主要由哪几部分功能模块组成?

4. 简述 FDM 打印丝材料制约模型打印的过程及成型精度的因素。

5. 影响 FDM 成型精度的因素有哪些,如何克服?

第四章　光固化快速成型工艺

第一节　SLA工艺的典型应用

光固化快速成型也称为立体光刻成型（Stereo Lithography Apparatus，简称SLA），其工艺具有成型过程自动化程度高、成型制件表面质量好、成型件精度高、技术成熟稳定等特点，在各领域得到了非常广泛的应用。目前，SLA工艺已在工业制造、航空航天、汽车、家电、消费品、建筑、文化创意、生物医疗等行业和领域得到了深入、有效的实际应用。

1. 文创领域

镇江恒大童世界35栋城堡模型完全采用3D打印工艺制造，启用100多台SLA工业机器，使用了2.6吨光敏树脂材料，打印过程耗时一个半月，完成全套大型场景式建筑展示沙盘（图4-1）。

近年来，3D打印技术在文化创意领域的应用非常活跃，与文创领域的深度融合，赋予了3D打印技术更深厚的文化内涵，拓宽了该技术的应用领域和应用范围，同时又促进了文化创意的快速展现，达到相互促进、协同发展。SLA工艺主要应用于艺术创作、文物复制、数字雕塑、个性化定制等方面，其应用领域的市场前景十分巨大。

图4-1　镇江恒大童世界建筑模型

图4-2　SLA艺术品模型

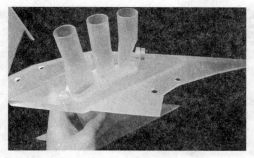

图 4-3　透明 SLA 航天部件

2. 航空航天

航空航天领域中的产品大多具有形状复杂、批量小、规格差异大、力学性能要求高、可靠性要求高等特点,产品从设计到定型的过程中需要经过反复多次的设计、测试、改进,是一个耗资大、耗时长、复杂且精密的过程。SLA 工艺以其灵活多样的工艺方法和技术优势在现代航空航天产品的研发中具有独特的应用前景(图 4-3)。

航空航天中的许多零部件往往需要通过精密铸造来加工制造,利用传统的加工工艺制作高精度的木模需要很长时间和极高成本,如果采用 SLA 工艺制造母模,通过熔模铸造、翻砂铸造等辅助技术进行涡轮、叶片、叶轮等特殊复杂零件的单件或小批量生产,可以显著提高经济效益和时间效益。

利用 SLA 工艺制作的零件模型可以直接进行结构和功能性验证,装配过程干涉检测,进行可制造性的评估以确定最佳的制造工艺,还可以直接进行风洞试验。利用 SLA 工艺可以制作出多种弹体外壳,装上传感器后便可直接进行风洞试验。

3. 汽车行业

汽车制造业是 3D 打印技术应用效益较为显著的行业,全世界几乎所有的知名汽车企业都早早地引入了 3D 打印技术辅助进行汽车新车型的研发。现代汽车生产的型号越来越多,周期越来越短,为了满足人们的不同需求,需要不断地对汽车外形及内饰进行设计、改型、试验、仿真模拟。对于形状、结构十分复杂的汽车零部件,可以采用 SLA 工艺制作原型件,并利用原型件做功能性和装配性测试。除此之外,SLA 工艺还可以与逆向工程技术、快速模具制造技术相结合,用于汽车结构样件和功能样件的试制(图 4-4)。

4. 电子电器

空调、电视、洗衣机、冰箱、手机等家电是人们现代生活中必不可少的电子电器产品。为了在激烈的市场竞争中脱颖而出,各厂商必须不断地推陈出新,用时尚的外观和完美的功能吸引更多的消费者。目前,SLA 工艺在电子电器领域得到了很大程度的推广和应用,在各种家电产品的外观设计、结构设计、装配试验、功能验证、市场营销、模具制造等方面都可以应用(图 4-5 和图 4-6)。

图 4-4　SLA 汽车部件

图 4-5　SLA 创意电子产品

图 4-6　SLA 洗衣机配件

5. 模具行业

传统的模具制造工艺生产周期长、价格成本高,将 3D 打印技术与传统模具制造技术紧密结合,实现模具的快速制造,可以为新产品的开发、试制以及小批量生产提供快速、低成本的模具。快速模具制造又分为直接成型和间接成型两种:直接成型是指利用 3D 打印技术直接打印获得模具;间接成型是指以 3D 打印技术制造的原型件为母模进行零件复制得到的模具。

硅胶模具具有良好的弹性和柔性,能够在复模完成之后很顺利地取出零件,在一些结构复杂、无脱模斜度或者有倒拔模斜度产品的复模中得到了广泛应用(图 4-7)。由于 SLA 原型件制作时间短、尺寸精度高、表面质量好、易打磨抛光,因此制作硅胶模具的原型大多采用 SLA 工艺来完成。利用 SLA 工艺制作的用于硅胶复模的叶轮原型件如图 4-8 所示。

图 4-7　硅胶模具　　　　　　　图 4-8　叶轮 SLA 原型件

第二节　SLA 工艺原理

SLA 工艺是目前研究最深入、技术最成熟、工业应用最广泛的一种 3D 打印技术,美国 3D Systems 公司于 1988 年首次推出商业化的 SLA 成型设备机型 SLA-250。SLA 工艺以液态光敏树脂为材料,通过计算机控制紫外激光使其固化成型。利用 SLA 工艺可以简单、快捷、自动地加工出表面质量和尺寸精度较高、几何形状较复杂的原型件。

一、工艺原理

SLA 的工艺原理如图 4-9 所示。树脂槽中盛满液态光敏树脂,在激光振镜系统的作用

下,由氦-镉激光器或氩离子激光器发出的紫外激
光束不断地在液态表面上扫描。激光扫描的轨迹
路线由计算机快速成型系统根据事先处理好的三
维数据信息控制,激光扫到之处液体树脂固化,最
终完成产品。

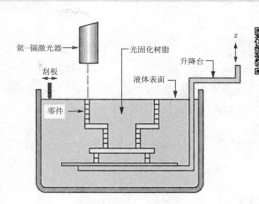

图 4-9　SLA 工艺原理

成型开始时,工作平台在液面下某一确定的深
度,聚焦后的激光光斑按零件的各分层截面信息在
光敏树脂表面进行逐点扫描,使被扫描区域的树脂
薄层产生光聚合反应而固化,形成零件的一个薄
层。当一层固化完毕后,未被激光照射的地方仍是
液态树脂。然后,升降台带动工作平台下移一个层
厚的高度,已经固化的层面上迅速布满一层新的液态树脂,刮板将黏度较大的树脂液面刮
平,接着激光开始下一层的扫描,新固化的一层便牢固地黏结在前一层上,如此不断重复直
到整个零件加工完成,得到一个三维实体原型件。

当实体原型件加工完成后,首先将实体件从工作平台上取出,并将多余的树脂排净;然
后去掉支撑,进行清洗,最后再将实体原型件放在紫外激光下整体进行二次固化。

光敏树脂材料具有高黏性,在每层固化完成之后,液面很难在极短的时间内迅速流平,
这样就会影响实体原型件的精度。因此,每层固化完成后,采用刮板将液态光敏树脂均匀地
涂敷在上一层面上,以便得到较好的精度,使原型件表面更加光滑和平整。采用刮板进行辅
助涂层还可以解决残留的多余树脂问题,如图 4-10 所示。

现在的光固化成型系统大多采用吸附式涂层机构,如图 4-11 所示。当吸附式涂层机构
静止时,液态树脂在表面张力作用下充满树脂吸附槽。当刮板运动时,吸附槽中的树脂会均
匀涂敷到已固化的树脂表面。另外,吸附式涂层机构中的前刃和后刃还可以很好地消除树
脂表面因为工作台升降等产生的气泡,避免加工中出现缺陷。

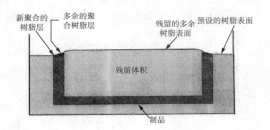

图 4-10　SLA 成型过程中残留多余树脂

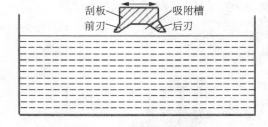

图 4-11　吸附式涂层机构

二、工艺过程

SLA 的工艺过程大致可以分为前处理、原型制作和后处理三个阶段。

1. 前处理

前处理阶段主要是对原型件的三维数据进行处理,包括三维数据模型的格式转换、加工
方位确定、支撑的添加、分层切片处理等内容。下面以某一款小手柄零件的加工来简要介绍
SLA 原型制作的前处理过程。

（1）三维 CAD 造型

SLA 原型制作必须要有原型零件的三维 CAD 模型，没有三维 CAD 数字模型就无法完成快速原型制作。三维 CAD 模型的创建可以利用各种造型软件实现，比如 UG、Pro/E、Catia、犀牛等，也可以通过三维扫描设备及软件实现。图 4-12 所示的是小手柄 UG 的三维造型。

（2）数据格式的转换

STL 数据的输出过程中需要根据实际需要进行精度控制（图 4-13）。

图 4-12　三维 CAD 模型

图 4-13　STL 数据模型

图 4-14　确定加工方位

（3）加工方位的确定

在原型件快速加工过程中，原型件的加工方位的确定非常重要。它不但影响加工时间和加工成本，而且会影响后续支撑的形式及原型件的表面质量。一般来讲，为了缩短加工时间，提高加工效率，理论上应该选择尺寸最小的方向作为叠层方向。但是，有时候为了提高原型件加工质量或者提高某些局部关键尺寸的加工精度，需要选择尺寸最大的方向作为叠层方向。有时为了减少支撑数量、节约材料、降低成本，以及方便后续处理，也可以考虑将零件倾斜摆放。总之，加工方位的确定通常需要综合以上各种因素，根据生产实际情况有侧重地进行选择。小手柄尺寸较小，为了确保轴部外圆表面，以及轴部内孔的尺寸精度和形状精度，应该选择竖直摆放，同时考虑到尽可能减少支撑数量，应该大端朝下竖直摆放，如图 4-14 所示。

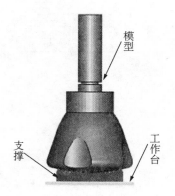

图 4-15　添加模型支撑

（4）添加支撑

确定了原型件的加工方位之后，就可以进行支撑的添加了。对于 SLA 工艺来说，添加支撑是一项极其重要的工作，支撑的好坏直接影响零件加工的成功与否以及加工质量高低。加支撑可以手动进行，也可以利用软件自动进行。通常都是利用软件自动添加支撑，但是对于结构复杂的零件，软件自动添加的支撑必须经过人工核查，进行适当的修改和删减。小手柄添加支撑后的效果如图 4-15 所示。

在 SLA 快速成型过程中，支撑与原型是同时制作的，支撑能够保证原型件的每个结构特征都可靠地固定，还能减少原型件在制作过程中发生的翘曲变形。如图 4-16 所示，在原型件的底部添加了支撑结构,目的是打印结束之后能够方便地从工作平台上取下原型件,避免损坏。

支撑结构的类型主要有下列四种:

① 块—线—点支撑,主要用于支撑悬臂结构特征,它在成型过程中为悬臂提供支撑,同时也约束悬臂的翘曲变形,可以通过设置网孔大小来增减支撑材料(图 4-17)。

② 柱状支撑,专门为精致的打印件设计的支撑结构,其细小的支撑头设计可以提高打印件的表面质量,减少后处理时间(图 4-18)。

图 4-16　支撑结构示意图

图 4-17　块—线—点支撑

图 4-18　柱状支撑

③ 腹板支撑,主要用于大面积的内部支撑(图 4-19)。

④ 桁架支撑,采用桁架结构设计,充分利用材料来达到最高的结构强度,优化支撑材料(图 4-20)。

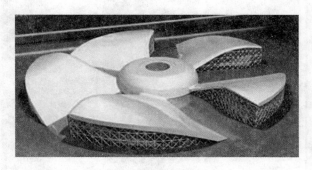

图 4-19　腹板支撑

图 4-20　桁架支撑

(5) 分层切片处理

支撑添加完成之后,就可以根据设定的层厚沿着高度方向进行切片,生成快速成型系统所需的 STL 格式的层片数据文件,将这些数据输入 SLA 快速原型制作系统,就可以进行原型件的打印(图 4-21)。

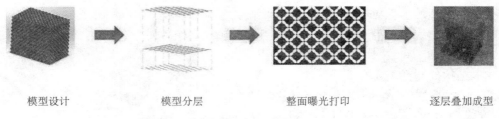

模型设计　　　　模型分层　　　　整面曝光打印　　　　逐层叠加成型

图 4-21　分层切片处理

2. 原型制作

启动 SLA 3D 打印设备,打开原型制作控制软件并开启激光器,设定好各种工艺参数。待液态光敏树脂材料温度达到预设的合理温度,设备正常运转之后,载入前处理过程中生成的层片数据文件。

根据设备的操作说明,调整好工作平台网板的零位与树脂液面的位置关系,以确保支撑与工作平台网板的牢固连接。一切准备就绪,就可以开始打印成型件。整个打印过程都是在计算机软件系统的控制下自动完成的,操作人员只需要进行不定期的巡查。当所有的叠层打印完成以后,系统自动停止。图 4-22 所示是 SPS600 SLA 成型设备在进行原型制作时的界面。界面上显示了激光功率、激光扫描速度、支撑高度、原型件总高度、当前正在固化的层数、工作台升降速度等相关信息。

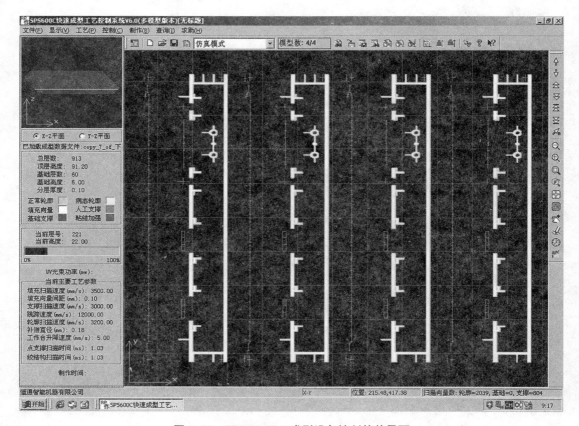

图 4-22　SPS600 SLA 成型设备控制软件界面

3. 后处理

SLA工艺的后处理过程主要包括成型件的清洗、去支撑、打磨、二次固化、抛光、喷漆等工作。

（1）成型件打印结束后，将工作平台上升，高出液面一段距离，停留5～10 min，晾干树脂，同时以便成型件表面黏附的多余树脂回流到树脂槽中，如图4-23所示。

（2）用铲刀将成型件从网板上取下，放入酒精或丙酮中浸泡一段时间，用刷子进行清洗（图4-24）。

图4-23　排出多余树脂

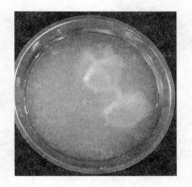

图4-24　酒精浸泡成型件

（3）成型件清洗之后，利用工具手工去除成型件底部的基础支撑和中空部分的辅助支撑，如图4-25所示。在此过程中要小心谨慎，千万不要刮坏成型件表面及细小特征。

（4）由于去除支撑会在成型件表面留下痕迹，因此用砂纸轻轻打磨成型件表面以达到光滑效果（图4-26）。

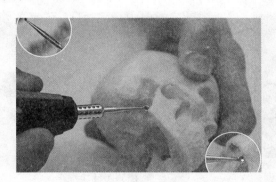

图4-25　去除支撑结构

图4-26　砂纸打磨

（5）再次清洗过后将成型件放置在紫外光固化箱中进行整体二次固化，如图4-27所示。对于一些性能要求不高的成型件，也可以不作二次固化处理。

（6）由于光敏树脂一般呈乳白色或透明状，如果模型有颜色要求，则成型件打磨抛光后可以采用喷漆法或手涂法进行着色。

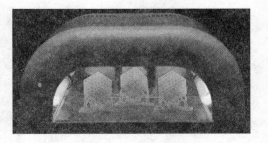

图4-27　二次固化处理

图 4-28 成型件上色处理

喷漆法操作比较简单,适合小型模型或模型精细部分的上色。喷漆法能够将涂料均匀地喷在模型表面,大大节省时间。手涂法更适合处理复杂的细节,上色时需来回平涂,以去除手绘时产生的笔纹,令色彩均匀饱满(图 4-28)。

第三节 SLA 工艺特点

一、SLA 工艺的优点

(1)技术成熟。SLA 工艺是当今世界最早实现商业化、研究最深入、工业应用最广泛的一种快速工艺,技术成熟,可靠性高。

(2)自动化程度高。SLA 系统非常稳定可靠,成型加工过程基本可以实现全自动,操作人员在数据加载完成后,只需要不定期地巡视,直到零件加工完成。

(3)加工效率高。SLA 成型加工速度块,生产周期短。

(4)加工精度高。SLA 原型件的尺寸精度可以达到 ±0.1 mm(图 4-29)。

(5)加工适应性好,成本低。SLA 成型技术可以加工制作结构任意复杂的模型零件,特别是内部结构特征复杂的模型,无需切削加工及夹具,工艺简单、成本低(图 4-30)。

图 4-29 高品质 SLA 成型件

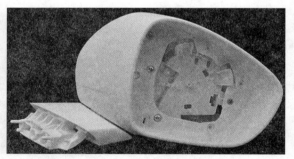

图 4-30 SLA 汽车配件

(6)加工质量好。SLA 成型加工能得到优良的表面质量,虽然原型件的侧面及曲面上可能出现台阶纹,但上表面仍可得到玻璃状的效果。

二、SLA 工艺的缺点

(1)SLA 成型加工过程中材料发生物理和化学变化,成型件易翘曲,发生变形,制作时需要添加支撑,加大了后处理工作量。

(2)SLA 成型件比较脆,容易发生断裂,强度、刚度、耐热性有限,性能比不上常用的工业塑料,一般较难满足工业制件的要求。

(3) SLA 系统造价昂贵,特别是光学元器件在使用过程中还需要定期进行调整和维护。SLA 系统需要保持恒温恒湿的工作环境,设备运转及维护成本较高。

(4) SLA 成型技术使用的材料为液态光敏树脂,可用材料极少,且液态树脂有挥发性气味,为避免提前发生光聚合反应,还需要避光保存,使用和保存均存在一定的局限性(图 4-31)。

(5) 需要二次固化。在很多情况下,液态树脂并未被完全固化,固化成型后的产品使用性能和尺寸稳定性有待提高,需要进行二次固化(图 4-32)。

图 4-31 SLA 设备环境要求高　　　　图 4-32 二次固化箱

第四节　SLA 典型设备及系统构成

一、SLA 设备系统构成

SLA 设备系统主要包括以下几个部分:激光系统、扫描系统、成型系统、升降系统、控制系统(图 4-33)。

激光系统中所用的光源主要是激光器,大多采用多模激光器,一般为 HeCd 激光器和固体激光器。多模激光的光斑直径和发散角较大,出口光斑直径一般在 1.5～1.8 mm,聚焦在树脂面上的光斑直径在 0.1～0.2 mm。

激光扫描系统的精度直接影响到原型件的成型加工精度。光固化激光扫描系统有数控 X-Y 导轨式扫描系统和振镜式激光扫描系统两种。数控 X-Y 导轨式扫描系统的结构简单、成本较低、定位精度较高,但是该系统的扫描速度相对较慢,在高端设备应用中,已经逐渐被振镜式激光扫描系统取代。振镜式激光扫描系统主要由执行电机、反射镜、聚焦系统及控制系统组成。该扫描系统具有低惯量、速度快、动态特性好的优点,但它的结构复杂,对光路要求高,成本高(图 4-34)。

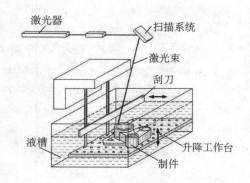

图 4-33 SLA 设备系统构成

升降系统控制工作平台的升降运动(图 4-35)。SLA 工艺是逐层累加制造,为了提高成型加工精度,可以通过降低分层厚度,提高 Z 向运动精度来实现。当前的 SLA 快速成型机,层厚选择范围是 0.1～0.3 mm。

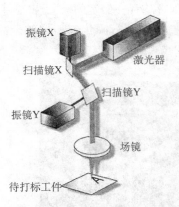

图 4-34　振镜式激光扫描系统

图 4-35　打印工作平台

图 4-36　人机交互控制界面

控制系统主要由电气系统、硬件和控制软件三大部分组成。电气系统主要完成控制系统的强电控制,通常采用继电接触式控制结构。电气部分的设计和硬件的选择主要考虑经济性和稳定性,控制软件则主要考虑安全性和代码的执行效率(图 4-36)。

二、典型的 SLA 设备

SLA 工艺发明以来,先后有美国的 3D Systems 公司、Aaroflex 公司,法国的 Laser3D 公司,德国的 EOS 公司、F&S 公司,日本的 SONY/D-MEC 公司、Teijin Seiki 公司、Denken Engieering 公司、Meiko 公司、Unipid 公司、CMET 公司,以色列的 Cubital 公司,以及国内的西安交通大学、华中科技大学、上海联泰科技有限公司等企业和科研机构,开展了深入研究。

1. 3D Systems 的 SLA 系列

美国 3D Systems 公司生产的 SLA 系列设备国际市场占有率最大。3D Systems 公司于 1988 年推出了全球第一台商品化设备 SLA-250,又于 1997 年推出了 SLA250HR、SLA3500、SLA5000 三种机型,在 SLA 设备技术方面取得了长足的进步。3D Systems 最新的 SLA 系列产品包括 ProX 800、ProX 950(图 4-37)、ProJet 6000 HD、ProJet 7000 HD 等。

ProX 950 可以打印超大型部件或批量打印高精细小

图 4-37　ProX 950

型部件,分辨率和精度都十分出色,最大建模封装容量(宽×深×高)达到 1 500 mm×750 mm×550 mm,高品质、超大型成型件都拥有高精度和卓越的表面质量。公司 3D Connect 服务为 3D 打印提供全新的管理服务,实现主动预防性的安全云连接,可确保更好地服务客户、延长正常运行时间,提供生产保障。

图 4-38　联泰 G2100

2. 联泰科技的 G 系列

上海联泰科技股份有限公司(UnionTech)成立于 2000 年,是中国最早参与 3D 打印技术应用实践的企业之一,目前拥有国内 SLA 最大市场份额和用户群体,产业规模位居行业前列,在 3D 打印领域具有广泛的行业影响力。公司生产系列 SLA 设备包括 G1400、G1800、G2100 等(图 4-38)。

G2100 是超大规格 SLA 3D 打印设备,设备外形尺寸为 4 130 mm×2 720 mm×2 770 mm,成型尺寸可达 2 100 mm×700 mm×800 mm,三激光扫描拼接,实现超大尺寸打印幅面。成型平台采用花岗岩防水基座增强稳定性,具有极好的强度和精度,不受温度或环境的影响不弯曲。控制系统采用分布式控制方式,提高了工作效率、稳定性和可扩展性。光学系统采用稳定可靠的光学组件布局,封闭式设计避免外部干扰和污染。

图 4-39　数造科技 3DSL-880

3. 数造科技的 3DSL 系列

上海数造机电科技股份有限公司(简称"数造科技")成立于 2004 年,是一家提供 3D 数字化制造、增材制造整体解决方案的高新技术企业,专注于工业级 3D 打印机、三维扫描仪等高技术装备的研发、生产以及行业应用。经过数造科技和 VoxelDance 双方技术团队的紧密合作,数造科技将数据处理软件 Voxeldance Additive 整合到 3D 打印整体解决方案,成功应用于数造 3DSL 系列 SLA 设备,包括 3DSL-880、3DSL-800、3DSL-600Hi 等(图 4-39)。

3DSL-880 作为数造科技 3DSL 系列 SLA 设备的典型代表,具有的突出优势包括:采用高激光功率变光斑技术,大大提高效率;可更换树脂槽结构快速换料,实现一机打印多种材料;一键启动功能操作便捷;具有专利技术的树脂槽升降式液位控制装置及较大的续航能力,不用中途频繁加料。

4. PostProcess 公司的 SLA 树脂清洗设备 DEMI 4000

自动化 3D 打印后处理系统制造商 PostProcess 公司推出了 SLA 树脂清洗设备 DEMI 4000。其处理槽尺寸为 890 mm×890 mm×635 mm,是 PostProcess 公司浸没式系统,可容纳 275 加仑(1040L)的树脂洗涤剂(图 4-40)。

图 4-40　SLA 树脂清洗设备
　　　　　 DEMI 4000

DEMI 4000 采用了自有的 Submersed Vortex Cavitation (SVC)技术,利用超声波、漩涡泵和特制的洗涤剂,使完全沉入水中的 SLA 部件在加工室中旋转,通过化学和机械能量的结合优化树脂去除。因此,该设备既能适应大部件尺寸,也能适应多部件处理,满足了市场对大批量 SLA 生产的自动化、免手动处理系统的需求。

练习题

一、选择题

1. 以下选项中属于 SLA 技术特有的后处理技术的是(   )。
   A. 取出成型件
   B. 去除支撑
   C. 二次固化成型件
   D. 打磨抛光

2. 以下 3D 打印技术中使用激光技术最多的是(   )。
   A. SLA
   B. FDM
   C. LOM
   D. 3DP

3. SLA 技术使用的原材料是(   )。
   A. 光敏树脂
   B. 粉末材料
   C. 高分子材料
   D. 金属材料

4. 固化成型工艺树脂发生收缩的主要原因是(   )。
   A. 树脂固化收缩
   B. 热胀冷缩
   C. 范德华力导致的收缩
   D. 树脂固化收缩和热胀冷缩

5. 对光敏树脂材料的性能要求不包括(   )
   A. 黏度低
   B. 固化收缩小
   C. 毒性小
   D. 成品强度高

二、填空题

1. SLA 技术指_____技术,成型精度可以达到_____。

2. SLA 技术使用的材料是_____。

3. SLA 工艺和 DLP 工艺具均需要_____。

4. 光固化法增材制造按照所用光源的不同有_____和_____两类,二者的区别是_____光波长度不同。

5. 目前在 SLA 中经常使用的支撑形式有:_____、_____、_____。

三、简答题

1. 简述 SLA 工艺的成型原理。

2. 简述 SLA 工艺的特点。

3. SLA 工艺对成型材料的要求有哪些?

4. 光固化成型(SLA)过程中,成型方向的选择主要考虑哪些因素?

第五章 选择性激光烧结工艺

第一节 SLS 工艺的典型应用

选择性激光烧结（Selective Laster Sintering，简称 SLS）工艺具有成型材料种类多、成型件精度高、生产周期短、无需支撑结构等特点，成功应用于汽车、船舶、航空、通信、建筑、医疗、考古等诸多行业领域，为传统制造业注入创新性工艺和信息化加工。SLS 工艺主要应用于以下领域：

1. 小批量、个性化定制

对于小批量、个性化产品，由于加工周期长、模具成本高，且某些形状复杂零件由于受加工条件、设备精度等影响甚至无法进行生产。采用 SLS 技术可以轻松实现该类产品的制造，且生产成本也相对比较低。

SLS 技术正在改变眼镜行业的设计和制造方式，许多眼镜制造商都开始采用 3D 打印技术走差异化竞争路线，力求丰富眼镜创新设计和个性化需求。"三维扫描技术 + SLS 技术"的组合可以完美解决眼镜业痛点，可以根据每个消费者个性化的头面部结构，按需定制生产 3D 打印眼镜框，给佩戴者带来贴合且舒适的穿戴体验，同时兼具创新设计（图 5-1）。

图 5-1 个性化定制镜架

2. 快速模型制作验证

SLS 工艺能够在极短的时间内完成从三维设计到实体模型的整个生产过程，从而实现对产品进行实时评价、修正以提高设计质量，不需要复杂的工装及模具，能够提高生产效率，同时降低生产成本。SLS 工艺可以用于制造教学、试验用的形状复杂的模型（图 5-2）。

盈普三维与上海交通大学赛车队合作，将 SLS 技术用于大学生方程式赛车的优化设计。方程式赛车赛组委会出于安全考量，对参赛车辆的发动机进气流量进行严格的限制，因此，

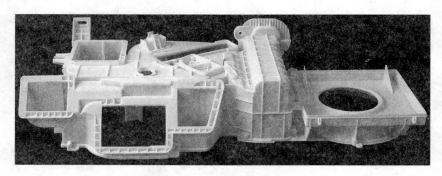

图5-2　SLS汽车空调部件

图5-3　赛车进气稳压腔及组件

如何合理地设计制造车辆进气系统是所有参赛队伍需要解决的难题。对于结构复杂的稳压腔体及其组件的制造,赛车队在有限条件下无法采用传统加工方法来实现多次优化迭代升级。合作双方研究确定设计方案,赛车队动力组优化结构设计提高零件刚性,盈普三维则从材料及工艺进行匹配,在双方共同努力下,确保进气稳压腔组件成功通过了发动机台架测试及整车道路测试(图5-3)。

3. 医学领域应用

SLS工艺成型件具有很高的孔隙率,适用于医学上人工骨骼、心血管模型等人体结构的制造,能够有力助推医学数字智能化进程。

国外对于用SLS技术制造的人工骨骼进行了相应的临床试验,研究表明人工骨骼的生物相容性良好,可以应用于骨科三维重建、骨科术前模型、脊柱矫形与康复、足部矫形等(图5-4和图5-5)。

图5-4　SLS人工骨骼

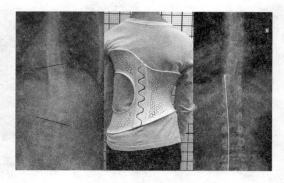

图5-5　脊柱矫正塑形

第二节　SLS工艺原理

选择性激光烧结工艺又称选区激光烧结技术。1986年,美国德克萨斯大学澳斯汀分校的 Carl Dechard 在其硕士论文中首次提出了 SLS 的工艺原理,并用两年的时间研制出世界上首台 SLS 成型机。在 1992 年,美国 DTM 公司推出了基于 SLS 工艺的商业化生产设备——Sinterstation 2000。3D Systems 公司、德国 EOS 推出了一系列的相关成型设备。近年来,SLS 技术也得到了国内高校、研究机构和企业的关注与重视,包括华中科技大学、西北工业大学、南京航空航天大学、西安铂力特和盈普三维等,取得了许多科研成果和成熟的商业化设备。

一、SLS 工艺原理

SLS 工艺利用 CAD 软件设计出符合需求的产品三维模型,并按照工艺要求,以一定的规则和精度,将 CAD 模型离散为一系列简单的单元。通常沿着 Z 轴方向进行离散,得到一系列分层切片数据。接着,将这些分层的轮廓线转化成激光的扫描轨迹。然后,在计算机控制下,按照界面轮廓信息采用激光对粉末材料(金属粉末、非金属粉末或复合物粉末等)进行有选择的烧结,最后,层层堆积实体成型。

SLS 成型系统如图 5-6 所示,通常使用 $50\sim200$ W 的 CO_2 激光器(或 Nd:YAG 激光器,处于近红外波段)和粉末状材料(粉粒直径为 $50\sim125$ μm,如金属粉、尼龙粉、混有 50% 玻璃珠的尼龙粉、丙烯酸类聚合物粉、弹性体聚合物粉,以及陶瓷或金属与黏结剂的混合粉等)。

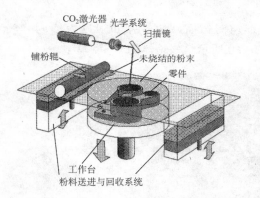

图 5-6　SLS 成型系统

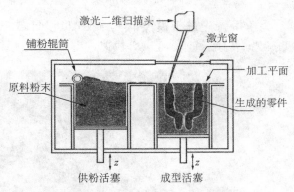

图 5-7　SLS 工艺步骤

SLS 工艺成型步骤如图 5-7 所示。

(1) 开始扫描前,成型缸下降一个层厚,供粉缸上升一个高度。

(2) 由铺粉辊筒在工作台上均匀地铺一层粉末材料,多余的粉末落入回收槽,并加热至略低于其熔点的温度,从而可以减少变形,并有利于与前一层的结合。

(3) 计算机根据零件切片模型,控制激光光束的扫描轨迹,有选择地使粉末温度升高到熔点再进行烧结,逐渐得到本层轮廓,并与下面已经成型的部分黏合(图 5-8)。

(4) 工作台下降一层高度,铺粉辊再次铺覆新

图 5-8　激光烧结

图 5-9　取出成型件

粉,控制光束扫描形成新层,如此循环,最终得到整个三维零件。

当零件烧结完成后,升起成型缸取出零件,清理表面的残余粉末。在成型过程中,未经烧结的粉末对零件的空腔和悬臂部分起着支撑作用,不必额外加载支撑结构。一般,通过激光烧结的零件存在疏松多孔现象,结构强度相对不强,可根据不同的使用要求,采取针对性的后处理。

SLS工艺使用的材料是各种类型的粉末,采用的粉末粒度一般在 50～125 μm,由于材料不同,其具体的烧结工艺也有所区别。

二、烧结工艺

1. 聚合物粉末材料烧结工艺

高分子粉末材料烧结工艺的过程包括三个阶段:前处理、粉层烧结叠加和后处理。

以某箱体铸件的 SLS 原型制作为例,介绍具体的工艺过程如下:

(1) 前处理

该阶段首先进行模型的三维 CAD 设计或三维逆向扫描,建立三维 CAD 模型,并经 STL 数据转换后输入到 SLS 快速成型系统中。图 5-10 所示是该箱体的 CAD 模型。

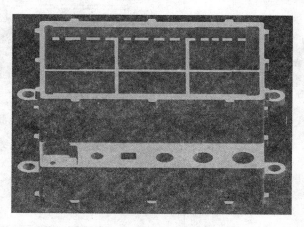

图 5-10　箱体的 CAD 模型

(2) 粉层激光烧结成型

先要预热成型空间,对于 PS 高分子材料,预热温度约为 100 ℃。该阶段要根据原型结构的特点确定制作方位,当摆放方位确定后,将状态设置为加工状态,如图 5-11 所示。设定制作工艺参数,如单层厚度、烧结间距、激光功率、激光扫描方式和扫描速度等,当成型区域的温度达到预定值时开始加工。在零部件制作过程中,根据截面变化相应调整粉料预热温度以保证制件烧结质量。当全部叠层都烧结完成,得到的原型需要缓慢冷却至 40 ℃ 以下,再取出成型腔。

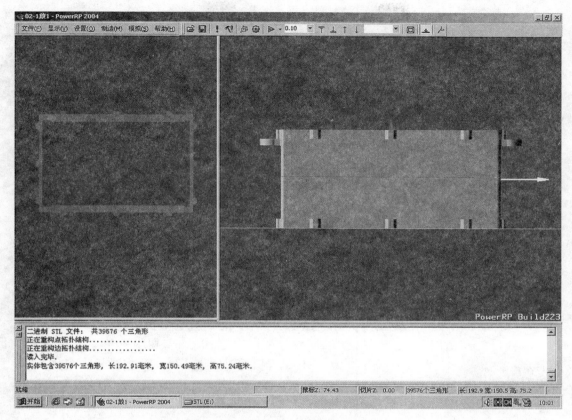

图 5-11　加工状态系统界面

（3）后处理

对于高分子材料烧结成型的零部件,其后处理方法主要有两种:渗树脂和渗蜡。激光烧结后的 PS 原型件强度弱,通过渗树脂或渗蜡可以对其进行补强处理。渗蜡后的箱体原型如图 5-12 所示。

图 5-12　渗蜡处理后的箱体原型

2. 金属零件间接烧结工艺

目前被广泛应用的几种快速原型技术方法中,唯有 SLS 工艺可以烧结(直接的或间接的)金属粉末来制作金属材质的原型或零件。以金属粉末为原材料的烧结工艺可分为三种:

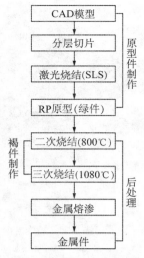

图 5-13　金属零件间接烧结
工艺过程

直接法、间接法和双组元法。金属零件间接烧结工艺使用的粉状材料混合了金属粉末和树脂材料,SLS工艺能够将包裹在金属粉末颗粒表面的树脂材料黏合在一起。具体工艺过程如图 5-13 所示,可以将整个工艺过程划分为 SLS 原型件("绿件")的制作、粉末烧结件("褐件")的制作及金属溶渗三个阶段。

金属零件间接烧结工艺涉及的关键技术包括:

(1) 原型件制作关键技术

科学的粉末配比:环氧树脂与金属粉末配比一般在1∶5与1∶3之间;加工工艺参数匹配,如粉末材料的物性、扫描层厚、扫描速度、扫描间隔及激光功率等。

(2) 褐件制作关键技术

激光烧结参数:烧结温度应控制在合理范围内,而且烧结时间也应适宜(图 5-14)。

(3) 金属熔渗阶段关键技术

采用合适的熔渗材料和工艺——渗入金属必须比"褐件"中金属的熔点低。

[实例]　选用体积占比为 67%、16%、17% 的金属铁粉末、环氧树脂粉末、固化剂粉末相混合,激光功率为 40 W,取扫描层厚为 0.25 mm,扫描速度 170 mm/s,扫描间隔在 0.2 mm 左右时烧结。后处理二次烧结时的温度在 800 ℃,要求保温 1 h;三次烧结时温度控制在 1 080 ℃,要求保温 40 min;熔渗铜时温度设置为 1 120 ℃,熔渗时间为 40 min。根据以上参数获得的金属零件如图 5-15 所示。

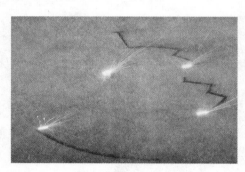

图 5-14　金属零件间接烧结

图 5-15　SLS 成型金属零件

3. 陶瓷粉末烧结工艺

陶瓷粉末烧结工艺需要在纯陶瓷粉末中混入黏结剂,而纯陶瓷粉末原料目前有 Al_2O_3 和 SiC 材料,所用的黏结剂可以选择无机黏结剂、有机黏结剂和金属黏结剂。选用陶瓷粉末材料进行烧结可以获得铸造用的模具,从而生产各类铸件,甚至是复杂的金属零件。

陶瓷粉末烧结成型件的精度主要取决于激光烧结的精度和后续处理的精度,而烧结过程中产生的收缩变形、翘曲变形也会对陶瓷成型件的精度产生影响。另外,光斑的大小和粉末粒径直接影响陶瓷成型件的精度及其表面粗糙度。在烧结过程中,粉末烧结的收缩率、烧结时间、扫描点间距、扫描线行间距及光强对坯体的精度也有很大影响。

第三节　SLS 工艺特点

一、SLS 工艺的优点

SLS 工艺采用激光选择性地逐层烧结固体粉末,层层叠加得到所需要的成型件,由于 SLS 成型件的高品质,可以应用于各行各业。SLS 工艺不仅适用于研发设计阶段的概念验证,同样适用于功能性手板的制作、终端零部件的生产,以及直接或间接地用于各种快速铸造。与其他成型技术相比,SLS 工艺具有以下优点:

(1) 成型材料十分丰富。从原理上来说,任何受热后可以构成原子间黏合的粉末材料,都可以利用 SLS 工艺制造出各种造型来满足不同的需求。

(2) 可打印各种复杂结构。SLS 工艺对零件的复杂程度没有任何限制,可以直接生产复杂形状的原型、型腔模三维构件或部件及工具(图 5-16)。

(3) 无需支撑结构。在设计时不需要考虑零件的支撑结构,降低打印前期模型数据处理难度,烧结过程中出现的悬空层面可由未烧结的粉末进行支撑,形成天然的支架(图 5-17)。

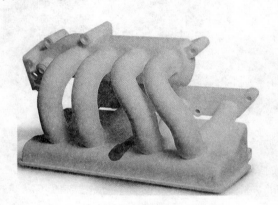

图 5-16　复杂结构成型件

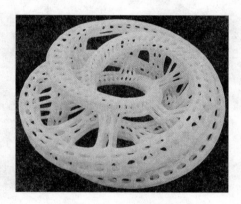

图 5-17　成型过程无需支撑

(4) 材料利用率高。因为 SLS 成型过程不需要支撑结构,未烧结粉末可重复运用,不会出现许多废料,也不需要添加底座,所以与常见的几种快速成型工艺相比,其材料利用率是最高的,可以认为是 100%。

(5) 成本相对较低。SLS 技术所使用的大多数粉末材料的价格比较低,因此制作的原型的成本相对而言也比较低。

(6) 精度较高。SLS 成型的产品一般可以达到工件整体(±0.05~2.5) mm 的公差范围,具体受材料种类、粉末粒径、产品的几何形状及其复杂程度影响。当粉末粒径低于0.1 mm 时,制作出的原型精度可达 ±1%。

(7) 生产周期短。该特点使 SLS 非常适用于新产品的开发,能够快速地将新产品投放市场试用并及时得到用户的反馈意见。从 CAD 软件三维模型的设计到产品加工完成只需很短的时间,一般几小时到几十小时。

（8）应用领域广。由于粉末材料的多样性,使 SLS 技术广泛用于多种领域,如原型设计验证、精铸熔模、模具母模、铸造型壳和型芯等。

二、SLS 成型技术的缺点

（1）表面粗糙。SLS 选用的原料是粉末状材料,且在烧结过程中是逐层黏结。因此,成型件表面呈粉粒状,难以形成高质量的表面,若对表面质量有要求则需要进行相应的后处理（图 5-18）。

（2）烧结过程产生异味。在激光烧结熔化时高分子材料或者粉粒一般会发出异味,若处理不当易污染环境。

（3）有时需要比较复杂的辅助工艺。加工前需要预热 2 h 左右,零件制作成型后,需要 5~10 h 的冷却时间才能从成型缸中取出,必要时还需要进行复杂的后处理工艺,如喷砂打磨等（图 5-19）。由于大功率激光器的使用,除了成型设备成本,还需要很多辅助维护费用。

图 5-18　成型件粉粒状表面

图 5-19　喷砂打磨设备

（4）小型零部件或者高精度零部件成型时,精度略低于 SLA 成型件。

（5）设备价格较高。为了保障工艺过程的安全性,加工室内充满了氮气,所以提高了设备成本。

第四节　SLS 典型设备及系统构成

一、SLS 设备系统构成

目前,SLS 技术在许多领域都得到了应用,诸多科研机构对 SLS 工艺的基本成型原理、工艺参数优化、扫描路径、新材料、建模仿真和精度控制等方面都进行了大量的深入研究,相关技术都得到了快速的发展。

SLS 工艺设备系统的基本构成主要包括主机、控制系统和冷却器（图 5-20）。

主机主要由高能激光系统、光学扫描系统、加热系统、供粉及铺粉系统等组成。

计算机控制系统主要由计算机、应用软件、传感检测单元和驱动单元组成。

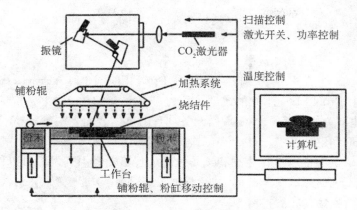

图 5-20　SLS 设备系统构成

冷却器由可调恒温水冷却器和外管路组成,可以用来冷却激光器,从而提升激光能量的稳定性。

二、典型的 SLS 成型设备

随着 SLS 技术的快速发展,传统制造业将会迎来全新变革,以 SLS 技术为依托的新工艺、新材料、新方法将会推动制造业向节能、环保、高效率方向发展。国内外 SLS 设备生产商不断改进技术工艺,推出更新迭代的 SLS 系列设备,包括美国的 DTM 公司、3D Systems 公司、德国的 EOS 公司,以及国内的华中科技大学、北京航空航天大学、南京航空航天大学、中北大学、大连理工大学、西北工业大学、北京隆源自动成型有限公司、湖南华曙高科技有限责任公司、上海盈普三维打印科技有限公司等。

1. 德国 EOS 的 M 系列

德国 EOS 公司是激光粉末烧结系统供应商,在塑料和金属类材料的粉末烧结成型领域处于世界先进地位。在过去的 30 多年时间里,EOS 进行了大量的 SLS 相关技术研发。1994 年,EOS 首次推出了 EOSINT P350,又在 2006 年推出了新机型 FORMIGA P100,该系统为塑料行业的工业 3D 打印质量设定了标准,具有里程碑式的意义。

EOS M 系列拥有完善的 EOS 软件产品,在生产前期提供 CAD 数据处理以及完整、成熟的烧结参数和烧结方法。EOS TATE 软件用于实时监测激光烧结状态,并且提供粉床监控、熔融池监控、多系统实时在线监控等模块,以及网络摄像头视图和数据备份等功能。EOS M290 用于批量生产模具、金属零部件以及快速成型件的直接金属烧结系统,它是M280的升级版本,如图 5-21 所示。与M280 相比,在相同的成型体积 250 mm × 250 mm × 250 mm 的空间内,M290 更快速、更灵活、成本更低地从 CAD 数据直接生产金属零件。该设备加工速度快,模型精度高,各项物理化学性能远超铸造,接近锻造,可制作不锈钢、高温合金工具钢等金属材料。M290 设备在航空航天、汽车、家电、机

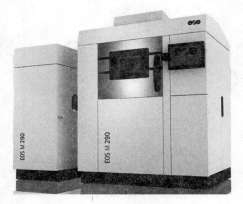

图 5-21　EOS M290 成型设备

械和电子等行业得到了广泛的应用,是设计验证、小批量生产、产品模型制作等的最佳选择。

2. 3D Systems 公司的 Pro 系列

3D Systems 公司的 Pro 系列设备包括 ProX SLS 6100、sPro60HD-HS、sPro140、sPro230 等。其中 ProX SLS 6100 的成型体积为 381 mm×330 mm× 457 mm,激光器功率为 100 W,光栅速度为 12.5 m/s。该系列设备具有出色的表面光洁度和精细打印特征,拥有自动化的材料处理和进料系统;3D Sprint 软件可以最大化的空间轻松规划构建、零件摆放(图 5-22);3D Connect 能够进行主动和预防性的远程诊断。系列设备可以使用的材料种类很多,包括尼龙 11、尼龙 12、聚苯乙烯、铸造材料等;从应用功能来看,有刚性材料、耐高温材料、食品安全级材料、生物相容性材料等。

图 5-22 3D Sprint 软件界面

3. 华曙高科的 Flight 403P 系列

图 5-23 华曙高科 Flight 403P 系列设备

华曙高科一直以来坚持 SLS 技术的持续创新,先后推出多款系列激光粉末烧结成型设备,全面覆盖190～280 ℃烧结区域,尤其是 2019 年推出了 Flight 技术,图 5-23 所示即为 Flight 403P 系列成型机(400 mm×400 mm×450 mm)。该设备用光纤激光器代替标准的 CO_2 激光器。在相同的时间内,Flight技术比传统的 SLS 工艺提高了数倍产能,比 HSS 高速烧结工艺提高了 3 倍。Flight 高分子光纤激光烧结技术在效率、产能、打印细节品质方面,把 SLS 工艺带到了新的发展阶段。

4. 盈普三维的 S 系列

盈普三维于 2003 年开始与德国公司合作,致力于以激光烧结为核心的 3D 打印工艺及设备的研发。2007 年,盈普发布尼龙塑胶零件的 SLS 成型系统,并成为亚洲较早掌握激光烧结为核心工艺的 3D 打印科技企业,率先填补亚洲技术空白。2018 年,盈普发布国内自主研发和生产的高分子激光烧结增材制造系统,通过对尼龙粉和 PEEK 的高温烧结,提供矫形及康复固定支具、术前模型、手术导板、植入假体等个性化医疗解决方案。2019 年,盈普和 VoxelDance 签署了战略合作协议,将数据处理软件 Voxeldance Additive 引入到全打印流程中,和盈普自主研发的 BP 软件配合升级为 VD&BP 软件组合(图 5-24)。

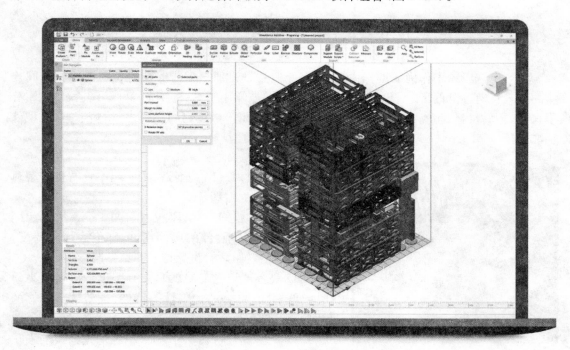

图 5-24　Voxeldance Additive 数据处理软件

盈普三维推出 S 系列 SLS 成型设备,包括 S600DL、S480、S360、S320HT 等。其中 TPM3D S600DL 尼龙打印机具有双 CO_2 激光器和 LCD 全液晶显示屏,嵌入的 Voxeldance Additive 软件可针对 SLS 打印技术提供增材制造软件解决方案,包括 3D 模型导入、高效的模型修复、方向优化、3D 嵌套摆放和切片算法等、高效的内核算法和友好的用户界面,大大提高了数据处理的效率(图 5-25)。

5. 北京隆源的 LaserCore 系列

北京隆源自动成型系统有限公司多年来一直倾力开发选择性激光烧结快速成型机,1996 年研制成功国内首台激光快速成型机 AFS-300 并成功应用于

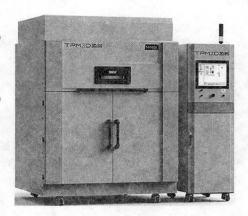

图 5-25　TPM3D S600DL 尼龙 SLS 设备

航空新产品的开发，2005 年开发出新的机型 AFS-500，2008 年升级为 AFS-700 机型，该机型是当时成型尺寸最大的 SLS 机型，能够满足绝大多数精密铸件的尺寸要求。

目前，北京隆源的 SLS 设备包括 LaserCore-6000、LaserCore-5300 等设备。其中，LaserCore-6000 采用超宽程动态聚焦系统，结构优化，用料精良，为用户提供稳定性和大幅面兼备的最佳解决方案；智能分区控温系统，确保大幅面状态下温度一致、成型材料性能一致；配备在线拍照、机器视觉故障检测和多终端互联，实现无忧生产和完整过程追溯；针对砂型、蜡型标准材料配备完善的工艺包。

第五节　SLS 打印材料

SLS 工艺以粉末作为成型材料，理论上任何被激光加热后能够在粉粒间形成原子间连接的粉末材料，都可以作为 SLS 的成型材料，目前能够用于 SLS 系统的材料包括石蜡、高分子材料、金属材料、陶瓷粉末及其复合粉末材料等。SLS 成型材料品种多，用料节省，成型件性能广泛，适用于多个领域，因此 SLS 的应用越来越广泛。

1. 尼龙（PA）

（1）标准的 DTM 尼龙，可用来制作具有良好耐热性能和耐蚀性的模型。

（2）DTM 精细尼龙，不仅具有与 DTM 尼龙相同的性能，还提高了制件的尺寸精度，降低表面粗糙度，能制造微小特征，适合概念型和测试型制造。

（3）高性能尼龙 PA12，具有高强度、高刚性、高耐热性、低翘曲、良好的加工性等特性，成型件具较好的耐腐蚀性，使用寿命较长（图 5-26）。

（4）原型复合材料，是 DTM 精细尼龙经玻璃强化的一种改性材料，与未被强化的 DTM 尼龙相比，它具有更好的加工性能和表面粗糙度，同时提高了耐热性

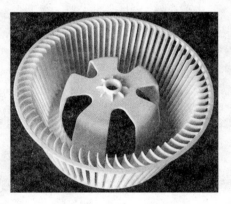

图 5-26　PA12 成型件

和耐腐蚀性。

2. 聚苯乙烯（PS）

聚苯乙烯是指由苯乙烯单体经自由基加聚反应合成的聚合物，它是一种无色透明的热塑性塑料。PS 具有极高的透明度，透光率可达 90% 以上，电绝缘性好，易着色，加工流动性好，刚性好及耐化学腐蚀性好。聚苯乙烯的经常被用来制作泡沫塑料制品，聚苯乙烯还可以和其他橡胶类型高分子材料共聚生成各种不同力学性能的产品（图 5-27）。

聚苯乙烯受热后可熔化、黏结，冷却后可以固化成型，且材料吸湿率小，收缩率也较小，其成型件浸树脂后可进一步提高强度，主要性能指标可达拉伸强度≥

图 5-27　PS 成型件

15 MPa、弯曲强度≥33 MPa、冲击强度>3 MPa。PS可作为原型件或功能件使用,也可用作消失模铸造用母模生产金属铸件,但缺点是必须采用高温燃烧法(>300 ℃)进行脱模处理,没有配套处理设备,易造成环境污染。

3. 金属粉末

采用金属粉末进行快速成型是激光快速成型由原型制造到快速直接制造的趋势,它可以大大加快新产品的开发速度,具有广阔的应用前景(图5-28)。金属粉末的选区烧结方法中,常用的金属粉末有三种:

图 5-28　混合金属成型零件

(1)金属粉末和有机黏结剂的混合体,按一定比例将两种粉末混合均匀,然后用激光束对混合粉末进行选择烧结,其混合方法包括两种,一是利用有机树脂包覆金属材料制得的覆膜金属粉末,这种粉末的制备工艺复杂,但烧结性能好,且所含有的树脂比例较小,更有利于后处理;二是金属与有机树脂的混合粉末,制备较简单,但烧结性能较差。

(2)两种金属粉末的混合体,其中一种熔点较低,起黏结剂的作用。高熔点材料的烧结成型类似于液相烧结,激光能量将复合组分中低熔点的成分熔化,形成的液相将固相浸润,冷却后低熔点液相凝固将高熔点组分黏结起来。

(3)单一的金属粉末,特别是高熔点的金属,在较短的时间内达到熔融温度,需要很大功率的激光器,直接金属烧结成型存在的最大问题是因组织结构多孔导致制件密度低、力学性能差。

4. 覆膜砂

覆膜砂采用热固性树脂(如酚醛树脂)加入锆砂、石英砂的方法制得,利用激光烧结方法,制得原型可直接用作铸造用砂型(芯)来制造金属零件。锆砂具有更好的铸造性能,尤其适用于具有复杂形状的有色合金铸造如镁、铝等合金的铸造(图5-29)。型砂与低熔点的高分子材料有两种混料方法,一种是机械混合,另一种是将高分子材料加热熔化,再倒入型砂搅拌均匀,以使型砂表面覆盖一层高分子材料。

5. 覆膜陶瓷粉末

选择性激光烧结陶瓷粉末是在陶瓷粉末中加入黏结剂,其覆膜粉末制备工艺与覆膜金属粉末类似。被包覆的陶瓷可以是 Al_2O_3、ZrO_2 和 SiC 等。黏结剂的种类很多,有金属黏结剂和塑料黏结剂(包括树脂、聚乙烯蜡、有机玻璃等),也可以使用无机黏结剂(图5-30)。

图 5-29　覆膜砂成型零件

图 5-30　陶瓷成型零件

6. Iglidur 系列耐磨塑料

(1) Iglidur I3-PL

具有高耐磨性和高稳定性;良好的机械特性;实体表面细节精确;适用于滑轮和齿轮等。

(2) Iglidur I6-PL(图 5-31)

材料耐磨损、非常坚固;实体表面的细节精确;适用于涡轮、齿轮直接成型;产品使用寿命长。

(3) iglidur I8-ESD(图 5-32)

材料防静电型、免润滑、免维护;且耐磨损、刚性好;适用于所有标准的激光结烧系统。

图 5-31 I6-PL 成型件   图 5-32 I8-ESD 成型件

练习题

一、选择题

1. 以下哪种 3D 打印技术在金属材料增材制造中使用最多(　　)。

A. FDM   B. 3DP   C. SLS   D. SLA

2. 使用 SLS 工艺打印原型件后,将液态金属物质浸入多孔的 SLS 坯体的孔隙内的处理工艺是(　　)。

A. 浸渍   B. 熔浸   C. 热等静压   D. 高温烧结

3. 使用 SLS 工艺打印原型件后,将液态非金属物质浸入多孔的选择性激光烧结坯体的孔隙内,这种后处理方法是(　　)。

A. 高温烧结   B. 热等静压   C. 熔浸   D. 浸渍

4. 下列四种成型工艺中,不需要支撑结构系统的是(　　)。

A. SLA   B. SLM   C. SLS   D. FDM

5. SLS 技术主要使用领域是(　　)。

A. 高分子材料成型   B. 树脂材料成型

C. 金属材料成型   D. 薄片材料成型

二、填空题

1. 不同的增材制造工艺中,所使用的激光器类型是不一样的,SLA 工艺中使用的激光器类型是_____,SLS 工艺中使用的激光器类型是_____。

2. SLS 增材制造技术的工艺参数主要包括:铺粉层厚、_____、_____、_____、_____、扫描方向等。

3. 粉末材料经 SLS 烧结后,为了提高其力学性能和热学性能,需对其进行后处理,常用的方法有:_____、_____。

4. SLS 增材制造工艺在预热时,要将材料加热到_____温度以下。

三、简单题

1. 简述 SLS 工艺的成型原理。

2. 简述 SLS 工艺的特点。

3. 分析 SLS 工艺参数对成型零件性能的影响。

4. SLS 技术对成型材料的要求有哪些?

5. 影响 SLS 成型精度的因素有哪些? 如何提高 SLS 的成型精度?

第六章 三维印刷成型工艺

第一节 3DP 工艺的典型应用

三维印刷成型（Three Dimensional Printing，以下简称 3DP），具有速度快、可打印全彩色、成型尺寸大等特点。3DP 技术不仅成型强度很高，且成型材料很多，如尼龙、陶瓷、覆膜砂等，且幅面不限制，没有支撑，材料成本低，既可以做原型设计和模具，也可以直接做成产品，航空、汽车、工程机械、艺术品、家居建材等行业均可使用。

1. 雕塑行业

3DP 技术以其高精度、高柔性、无需模具、工艺流程短等优势备受设计师、艺术家们的青睐。国家智能铸造产业创新中心针对 3DP 技术在雕塑行业方面的应用有了突破性进展，结合 3DP 技术高效、低成本、精度高与砂质厚重感的特点，使经过后处理的产品表面高强度、防水耐腐蚀。图 6-1、图 6-2 所示作品均采用共享自主研制设备制作而成，单台设备日产雕塑类产品超过 1 t，3DP 技术为雕塑行业产业化应用提出新的解决方案。

图 6-1　3DP 九龙壁　　　　　　图 6-2　3DP 生肖模型

2. 绿色铸造

传统铸造车间环境差、工序复杂，而绿色无模铸型制造技术是将 3DP 成型技术应用到传统的树脂砂铸造工艺中的新技术。该技术无需制作木模、模样等，能够快速柔性准确地制造内腔及表面复杂的铸型、模具，直接用于铸造工艺，特别适合单件、小批量、形状复杂的大中型铸型、铸造模具的制造和新产品研发。3DP 绿色无模铸造与传统铸造工艺相比，具有制造周期短、研发成本低、砂型/砂芯一体化制造、可制造复杂形状铸型或原型等优点，可实现复杂铸件的整体成型（图 6-3）。

3. 文创领域

数字化时代的文化创意设计,需要将陶瓷、玻璃、砂石、青铜等材质进行创意设计,3DP 工艺可以克服陶瓷、玻璃等材料难以加工、难以成型的难题。3D 技术带给设计师无限的设计空间和更大的创作自由。3DP 成型工艺在文化创意领域的优势明显,不仅能拓展设计师的想象空间,为设计师提供构思、设计、实施平台,快速实现设计构想,而且可有效地缩短整个产品的设计到成型的周期,快速把概念设计变成现实,如图 6-4、图 6-5 所示。

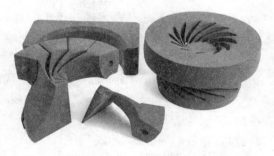

图 6-3　3DP 砂型铸造

图 6-4　定制化人物模型

图 6-5　文创产品

第二节　3DP 工艺原理

3DP 技术由美国麻省理工学院的伊曼纽尔·萨奇(Emanual Saches)等人发明,1989 年提交专利申请,1993 年被授权专利。1995 年,麻省理工学院把 3DP 技术授权给 Z Corporation 公司进行商业应用,自 1997 年以来,陆续推出了一系列 3DP 打印机,后来该公司被 3D Systems 收购,开发出 3D Systems 的 ColorJet 系列打印机。3DP 技术以某种喷嘴为成型源,其移动方式与喷墨打印机类似,在工作台上做 X-Y 平面运动,利用黏结剂将金属、陶瓷等粉末黏结成型。根据固化方法和材料的不同,3DP 技术可分为粉末材料三维喷涂黏结成型和熔融材料喷墨三维打印成型。3DP 技术具有设备投资少、使用寿命长、易于维护、环境适应性强等优点,近年来发展非常迅速。图 6-6 所示为 ZPrinter 650。

图 6-6　ZPrinter 650

3DP 技术的工作原理和传统的喷墨打印机相

似，不同之处在于 3DP 技术喷头喷出的材料为树脂、塑料、黏结剂、液态蜡及金属粉末。3DP 技术的具体工作原理：根据实体零件的三维 CAD 模型转换格式，然后将零件切成图层，获得每个截面的 2D 平面轮廓形状，再根据获得的轮廓形状，用喷嘴将熔融的材料或黏结剂喷涂到指定位置，形成每个横截面层的轮廓形状，逐层叠加完成产品。

3DP 成型材料大多为粉末型（如陶瓷粉末、金属粉末、塑料粉末等），其工艺与 SLS 工艺相似，区别在于其粉末材料不是通过激光烧结连接起来的，而是通过喷嘴喷涂黏结剂（例如硅胶）将零件的横截面"印刷"于原料粉末上。

一、黏结成型 3DP 技术

黏结成型 3DP 技术按照三维模型分层后的截面信息，通过喷嘴将黏结剂喷涂于粉末材料（如陶瓷粉末、金属粉末、塑料粉末等）形成截面图形，逐层堆积叠加成实体成型件，其工艺过程如图 6-7 所示。

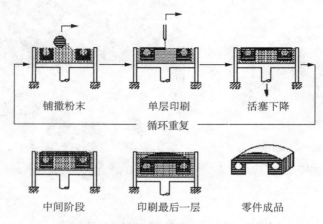

图 6-7　黏结成型 3DP 技术工艺原理

打印设备首先按照设定的层厚进行铺粉，随后根据当前叠层的截面信息，计算机控制喷头按截面图形路径将液态黏结剂喷在预先铺好的粉层特定区域，使粉末材料黏结形成截面层，然后将升降台下降一个层厚，重复上述操作逐层叠加粉末材料形成三维立体成型件。一般情况下，为了提高制件的黏结强度，成型件需要使用胶水或液态蜡进一步固化。

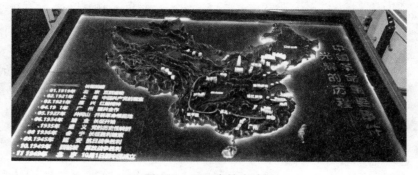

图 6-8　3DP 高精度地图

　　黏结成型 3DP 技术具有成型速度快、无需支撑材料、材料种类丰富等优点,且可以在黏结剂中添加颜料,制作彩色模型(图 6-9),这是该工艺最具竞争力的特点之一。但黏结成型件的精度和强度偏低,通常需要采用后续工艺处理来提高制件强度。

图 6-9　3DP 彩色模型

二、熔融材料喷墨 3DP 技术

　　三维黏结成型 3DP 技术工艺过程与 SLS 工艺相似,熔融材料喷墨 3DP 技术成型工艺过程与 FDM 工艺也是相似的,其喷头与喷墨式打印机的打印头更接近。它与黏结成型工艺的区别是:其累积的叠层不是通过铺粉后喷射黏结液固化形成的,而是从喷头直接喷射液态的成型材料瞬间凝固而形成的。

　　熔融材料喷墨 3DP 技术成型工艺的喷头直接喷射出熔融态的成型材料,高温加热粉末黏结剂后,类似喷墨打印通过喷头将熔融的原型材料喷涂到黏结剂平面上,逐层堆积叠加成实体成型件,其工艺过程如图 6-9 所示。

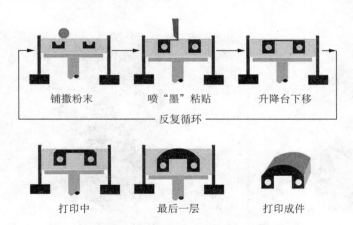

铺撒粉末　　　　喷"墨"粘贴　　　　升降台下移

反复循环

打印中　　　　最后一层　　　　打印成件

图 6-10　熔融材料喷墨 3DP 技术工艺原理

　　熔融材料喷墨 3DP 技术主要使用热塑性塑料,如尼龙、橡胶、蜡等材料。这类材料成本低,利用率高,并且具有很大的灵活性。但由于该工艺对成型设备与喷头性能的要求更为苛刻,因此应用市场有一定的局限性。图 6-11 与图 6-12 所示为利用该技术制作的模型。

图 6-11　3DP 建筑模型

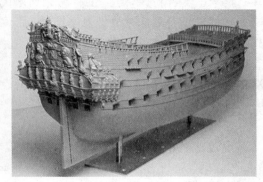

图 6-12　3DP 古战舰船模

第三节 3DP 工艺特点

一、3DP 工艺的优点

目前,在 FDM、SLA、SLS 等工艺主导市场的情况下,3DP 技术的应用市场份额较小,但仍然在彩色打印领域扮演着重要角色。3DP 工艺无需激光器、扫描系统及其他复杂的传动系统,结构紧凑,体积小,可用作桌面系统,特别适合于快速制作彩色模型、复杂工艺品等。

3DP 工艺优点主要包括以下几个方面:

(1)成型速度快,成型材料价格低,适合做桌面型的快速成型设备。

(2)在黏结剂中添加颜料,可以制作彩色原型(图 6-13),这是该工艺最具竞争力的特点之一。

(3)成型过程不需要支撑,多余粉末的去除比较方便,特别适合于做内腔复杂的原型(图 6-14)。

图 6-13 彩色心脏模型

图 6-14 复杂结构模型

(4)3DP 技术色彩丰富,可选择的材料种类很多,能够实现有渐变色的全彩色 3D 打印,完美呈现设计师在色彩上的设计意图。

(5)3DP 技术虽然有粉床,但是没有粉床熔融的过程,在成型过程中不会产生残余应力,因此,3DP 可完全通过粉床来支撑悬空结构,而不需要支撑结构。

(6)3DP 的喷头可以进行阵列式扫描而非激光点扫描,因此打印速度快,能够实现大尺寸零件的打印。

(7)没有激光器、扫描系统等昂贵的配套设备,设备整体价格较低。

二、3DP 工艺的缺点

3DP 工艺经过这些年的快速发展和技术升级,应用领域不断拓宽,但也受工艺与材料的限制,3DP 工艺成型件强度较低,难以成型高性能功能零件,大都需要进行后处理,以增加成型件强度,后处理工序较为复杂。3DP 工艺的主要缺点如下:

（1）强度较低，只能做概念型模型，而不能做功能性试验。如果使用粉状材料，其模型精度和表面粗糙度比较差，零件易变形，甚至出现裂纹等，模型强度较低（图6-15）。

（2）精度和光洁度不理想，多用于制作人偶和概念模型（图6-16），不适合制作结构复杂和细节较多的薄型零件。

图 6-15　模型颗粒状表面

图 6-16　人偶模型

（3）利用3DP技术打印出的工件只能通过粉末黏结，黏结剂的黏结能力有限，其强度比较低，基本只能做概念原型。

（4）为了提高3DP成型件的强度，需要进行复杂的后处理过程，比如烧结、二次固化等。

三、3DP 工艺的误差

3DP工艺成型件的精度与很多因素有关，成型的前期数据处理、成型加工过程和后处理三个阶段各因素都会对成型精度造成影响，系统分析各类误差来源及影响因素，有助于采取针对性措施提高成型件精度和性能。3DP工艺成型误差来源主要包括以下几个方面：

1. 模型分层算法

在将三维数字模型导入3D打印机之前，需将三维模型进行分层，切成许多个薄层，然后将这些薄层的数字化文件导入3D打印机，3D打印机逐层打印相对应的模型分层（图6-17）。打

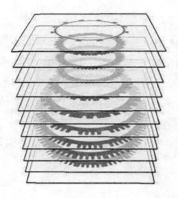

图 6-17　三维模型分层切片

印机读取的模型文件通常是 STL 文件。STL 文件通过三角形面片的方式逼近实际模型，分层系统会将其分层，生成相应的加工语言。薄层切面厚度越小，打印精度越高，但是处理时间会更多；薄层切面厚度越大，则打印精度越低，但加工时间越少。模型的分层算法对最终成型精度有非常重要的影响，且直接影响打印精度和速度。

图 6-18　粉末材料

2. 粉末材料

3DP 粉末材料的主要成分包括填充材料、黏结剂材料和其他添加剂材料。填充材料是最终成型零件的基础材料，它对零件的尺寸稳定性有很大的影响。黏结剂材料是起到黏结作用的主要成分，由于其不能在粉末状态下起黏结作用，需要将溶液喷到粉末上来激活黏结剂材料的性能，因此，应将黏结剂材料均匀地混合到成型粉末中。粉末的粒径和形状是影响粉末铺展过程和成型质量的重要因素，小粒径的粉末可以减小最小层厚度并增加致密性（图 6-18）。

3. 液滴喷射模式

液滴注入有两种主要类型：连续液滴和按需液滴。连续液滴喷射模式可比按需液滴喷射模式更快地产生具有高喷射速度和工作速度的液滴，其缺点是液滴直径难以进一步细化，并且成型分辨率低于按需液滴喷涂模式，同时其液滴喷射方式的结构复杂、可控性差、成本高。

按需液滴喷涂模式仅在需要打印时才喷射液滴，其与连续液滴注入方式相比，具有结构简单、成本低、可靠性高的优点，但由于喷射惯性和其他因素的影响，液滴喷射的速度较低。按需液滴喷射可分为压电和热气泡液滴喷射模式，热气泡液滴喷射喷头是根据加热产生热气泡的方式喷射液滴，因为喷头需要加热，难免会对喷射材料产生损害，从而影响成型件的精度和强度。压电式喷头则通过脉冲信号来控制压电片的收缩变形，相对于热发泡式喷头，压电式喷头不会损害喷射材料性能，可以设定液滴形状规则、大小，且喷嘴喷射速度可控、无溅射，能够提高成型件的精度。

4. 黏结剂液滴渗透

黏结剂以液滴形式喷出，液滴下降到一定高度后撞击粉床，然后散布在粉末表面，浸湿粉末，并由于毛细作用向粉体四周进行渗透，经过一段时间后形成冷凝单元。黏结剂液滴的渗透直接影响着各个凝结单元的尺寸，在成型过程中，凝结单元的体积越小，则精度越高，因此可以减小凝结单元的体积以提高制造精度。如果凝结单元的形态可控，则成型件的精度在一定程度上得到保证。许多成型件的边缘存在不同程度的"结瘤"和"黏渣"的现象，这是由于黏结剂从轮廓边界溢出并在非轮廓区域黏结粉末造成的，该现象对零件的表面粗糙度和尺寸偏差有很大的影响。因此，消除"结瘤"和"黏渣"现象可以有效地提高零件的精度。

第四节 3DP 典型设备及系统构成

一、3DP 设备系统构成

3DP 技术集成了机电控制、数字建模、化学、材料科学与信息技术等多领域的技术,其成型系统由喷射控制系统、运动控制系统、粉末材料系统、成型环境控制系统、计算机硬件系统、计算机软件系统等构成(图 6-19)。

3DP 设备功能如下:

(1) 3DP 的供料方式与 SLS 一样,供料时通过铺粉辊将成型粉末从送粉缸平辅至成型平台。

(2) 喷射控制系统将黏结剂通过加压的方式输送到喷射头。

(3) 打印过程中,喷射控制系统和运动控制系统相互配合,喷射系统根据三维模型的分层截面图形选择性地喷射到粉末平面上,粉末遇黏结剂后会黏结为实体。

(4) 黏结完成一层后,运动控制系统控制成型平台下降,铺粉辊再次将粉末铺平,然后开始新一层的黏结成型,如此反复层层打印,直至整个模型黏结完毕。

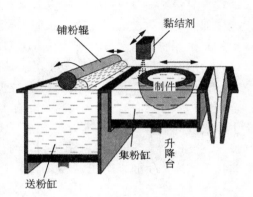

图 6-19 3DP 设备系统构成

(5) 打印完成后,回收未黏结的粉末,吹净模型表面的粉末,最终完成实体模型。

二、典型的 3DP 设备

3DP 技术的优势在于成型速度快、无需支撑结构、能够实现彩色打印等,尤其全彩打印是目前其他 3D 技术都较难以实现的,它在文创设计、绿色快速铸造等领域得到深度应用。当前,国内外生产 3DP 技术相关设备的厂商,主要有 Z Corporation 公司、EX-ONE 公司、通用电气集团增材制造子公司(GE Additive)、武汉易制科技有限公司等。

1. 3D Systems 的 ProJet CJP X60 系列

3D Systems 的 ProJet CJP X60 系列 3D 打印机因其优良的色彩功能而闻名,能够以较低运营成本更快地交付模型。从教育领域到要求最严格的商务应用,3D Systems 的 ProJet CJP X60 3D 打印机系列均能以高速进行全彩 3D 打印。该系列主要包括 ProJet CJP 860Pro、ProJet CJP 660Pro(图 6-20)、ProJet CJP 460Plus 等设备。

ProJet CJP 660Pro 具备专业级 4 通道 CMYK 全彩 3D 打印功能,可生产影像级真实色彩全色谱

图 6-20 ProJet CJP 660Pro

模型,呈现的颜色效果有利于更准确地对设计进行评估。它的多打印头保证了最大程度的色彩精确度和一致性,还可实现渐变效果。其打印速度遥遥领先,可在数小时内构建大型模型或同时构建多个模型。设备使用堆叠和嵌套功能,可增大吞吐量,选择草稿打印模式,打印速度可提升 35%。该系列设备具有材料利用率高的特点,由于无需使用任何支撑且未使用的芯材可以回收利用,可以避免浪费,减少表面处理时间,部件打印成本可节省多达 7 倍。

2. 惠普 HP Jet Fusion 580 系列

HP Jet Fusion 580 3D 彩色打印机采用惠普 3D 打印高可重用性材料 CB PA 12,更清洁、更舒适的封闭式自动化材料混合、装载和回收系统,高达 80% 的粉末可重用率,最大限度地减少浪费。该设备可生产品质卓越的全彩色功能性部件,同时保持最佳的机械属性,小功能性部件实现优良的尺寸精度和精致的细节,随时按需打印,简单、可靠、可预测。

3. 通用电气金属 3DP 成型机 GE H1

通用电气集团增材制造子公司(GE Additive)推出基于 3DP 技术的全新金属 3D 打印机 GE H1(图 6-22)。该设备采用 3DP 成型工艺将不锈钢、镍和铁等粉末合金与液体黏结剂混合,黏结剂喷射到的部分金属粉末黏合为一个整体,逐层打印出整个模型形状。打印完成后去除松散的金属粉末,再进行高温烧制,以增强金属黏合度。这种 3D 打印成型件强度将超过 SLS、SLM 等金属 3D 打印成品,并且对金属粉末原材料的形状要求也没有那么高,是目前打印速度最快的金属 3D 打印机。

图 6-21　HP Jet Fusion 580 3D

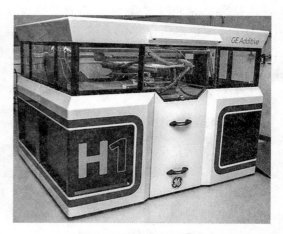

图 6-22　金属 3D 打印机 GE H1

4. 易制科技 Easy3DP-300

武汉易制科技有限公司是一家专注于生产 3DP 设备的高新技术企业,开展面向批量化生产的 3D 打印技术研发及推广,提供成套综合解决方案。公司主要产品为高速工业级"黏结剂喷射金属 3D 打印系统"、面向铸造行业的"砂型打印机"和"全彩色 3D 打印机",核心产品"黏结剂喷射金属 3D 打印系统"在国内最先开始应用,该技术曾被《麻省理工科技评论》评为 2018 全球十大突破性技术。

易制科技推出了 Easy3DP-300、Easy3DP-450 等系列全彩 3D 打印机(图 6-23),其中全彩 3D 打印机主要技术优势为:实现有渐变色的全彩色 3D 打印;性价比很高,粉末、墨水全国产化;使用寿命长,采用爱普生压电式喷头,寿命远超发泡式喷头;支持 3MF 文件在线式切片,采用矢量数据传输,彩色数据占用空间小;采用精准的喷墨系统,可保证快速喷射打印不堵塞;支持 500mm×500mm 的超大成型空间。

图 6-23　Easy3DP-300

练习题

一、填空题

1. 根据使用材料和固化方式的不同,3DP 技术可分为_____和_____两大类。

2. 3DP 成型的粉末状态不能发挥黏结作用,需要通过喷射到粉末上的溶液来激活黏结性能,因此,_____需在成型粉末中均匀混合。

3. 由于黏结剂从轮廓边界溢出而黏结非截面轮廓区域的粉末形成的现象叫作_____,这种现象的产生对制件表面粗糙度和尺寸偏差都有很大的影响。

4. 黏结剂液滴的成型方式对制件的精度有着重要的影响,主要有_____和_____两种。

5. 为了提高制件的黏结强度,成型件需要在表面使用_____或_____进一步固化。

二、选择题

1. 以下不属于压电式喷头的特性的是(　　　)。

　　A. 液滴形状规则　　　　　　　　　B. 液滴大小可控

　　C. 喷嘴喷射速度可控　　　　　　　D. 损害喷射材料

2. 下列 3D 打印工艺中,成型件强度最好的是(　　　)。

　　A. SLA　　　　　　B. SLS　　　　　　C. FDM　　　　　　D. 3DP

3. 以下不属于 3DP 技术优点的是(　　　)。

　　A. 成型速度快　　　　　　　　　　B. 色彩丰富

　　C. 强度高,不易变形　　　　　　　D. 设备价格较为低廉

4. 熔融材料 3DP 技术使用的主要材料中不包括的是(　　　)。

　　A. 尼龙　　　　　　B. 光敏树脂　　　　C. 蜡　　　　　　　D. 橡胶

5. 3DP 技术无法打印的产品是(　　　)。

　　A. 铝合金螺母　　　　　　　　　　B. 彩色玩具

　　C. 汽车仪表面板　　　　　　　　　D. 塑料工具箱

三、简答题

1. 3DP 工艺的误差主要可以归纳为哪几个方面?

2. 3DP 工艺通过喷头喷涂黏结剂(如硅胶)将零件的截面"印刷"在材料粉末上面,应如何提高用黏结剂黏结的零件强度?

3. 黏结成型 3DP 技术具有哪些不足?

4. 对比分析两类 3DP 工艺的异同点。

5. 对比分析 SLS 工艺与 3DP 工艺的优缺点。

第七章　三维数据处理

第一节　STL 文件格式

　　STL 格式是 3D 打印三维模型数据处理最常见的一种文件格式。由于各领域都有相应的专业 CAD 软件，每种软件都有各自的文件格式，不同 CAD 文件格式很难达到通用的制造要求，需要将其转换为 STL 格式文件，以便3D 打印设备识别。最常见的近似处理方法是：通过处理软件用一系列的三角面片来逼近拟合模型表面，每一个三角形用三个顶点的坐标(x，y，z)和一个法向量(n)来描述，选择合适尺寸的三角形可以提高曲面近似度。经过上述处理的三维模型文件称为 STL格式文件(图 7-1)，由一系列连续的空间三角形组成。

图 7-1　STL 格式模型

　　STL 格式由 3D Systems 公司的创始人查尔斯·胡尔(Charles W. Hull)于 1988 年发明，当时主要针对 SLA 工艺，现已成为全世界 CAD/CAM 系统接口文件格式的工业标准。CAD 软件基本都有输出 STL 格式的接口，可将其他 CAD 文件格式转换为 STL 格式，STL 格式是 3D 打印机支持的最为常见和通用的文件格式。

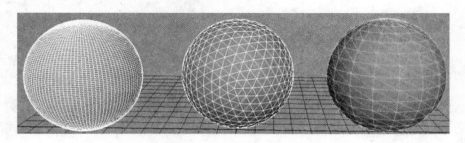

图 7-2　不同精度的球体

　　STL 文件的三角形面片多少与模型表面的精度有直接的关系，三角面片越多、越小，则模型表面精度越高、越细致。精度越高，文件数据占用的计算机空间越大，计算机的数据处理量就越大，文件处理效率就下降。因此，实际应用中根据产品精度要求来设定三角面片参数,确保数据处理效率与成型件精度的平衡。STL 文件具有简单清晰、易于理解、易于生成及分割、算法简单等特点,输出精度也能够通过设定三角面片参数进行控制。

一、STL 文件的规则

STL 文件由一系列的三角形面片无序排列组合而成,无法反映三角形面片之间的拓扑关系,但三角形面片按照一定的规则进行组合。STL 文件的规则如下:

1. 共顶点规则

每个平面小三角形必须与每个相邻的平面小三角形共用两个顶点,即一个平面三角形的顶点不能落在相邻任何一个平面三角形的边上。如图 7-3 表达正确,图 7-4 表达错误。

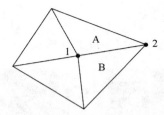 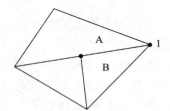

图 7-3　正确的共顶点表达　　图 7-4　错误的共顶点表达

2. 取向规则

用平面小三角形中的顶点排序来确定其所表达的表面是内表面或外表面,逆时针的顶点排序表示该表面为外表面,顺时针的顶点排序表示表面为内表面。按照右手法则,当右手的手指从第一个顶点出发,经过第二个顶点指向第三个顶点时,拇指将指向远离实体的方向,这个方向也就是该三角形平面的法向量方向,同时,相对于相邻的小三角形平面不能出现取向矛盾(图 7-5 和图 7-6)。

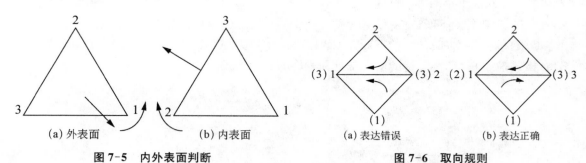

图 7-5　内外表面判断　　　　　　图 7-6　取向规则

3. 取值规则

每个小三角形平面的顶点坐标值必须为非负,即 STL 文件的实体应该在坐标系的第一象限。

4. 合法实体规则

STL 文件不得违反合法实体规则(或称充满规则),即在三维模型的所有表面上必须布满小三角形平面,不得有任何遗漏,否则将出现缝隙或孔洞;不能有厚度为零的区块;外表面不能从其本身穿过。

二、STL 格式文件纠错

各类 CAD 软件都有生成 STL 格式文件的功能,只需调用这个模块,就能将 CAD 系统构造的三维模型转换成 STL 格式,模型曲面近似拟合为三角面片构成的三维模型。然而,由 CAD 格式转换为 STL 格式时,由于系统精度差异和大曲率曲面三角化算法的不合理,可能导致生成的 STL 文件存在缺陷,从而使得 STL 文件无法进行下一步切片处理。格式转换过程中出现的缺陷主要包括以下几种情况:

1. 出现违反共顶点规则的三角形

出现其中一个三角形的顶点落在相邻三角形的边上的情形,从而违反共点原则。这种情况下,应删除无共点的边,或者将落在边上的点与另一顶点相连,实现完全共点。

2. 出现违反取向规则的三角形

进行 STL 格式转换时,会因未按正确的顺序排列构成三角形的顶点而导致转换所得法向量的方向相反。为了判断是否正确,可将不确定的三角形的法向量方向与相邻三角形的法向量进行对比分析(图 7-7)。

3. 出现错误的裂缝或孔洞

进行 STL 格式转换时,由于数据输入的误差,会造成一个点同时处于多个位置,从而导致在 STL 格式显示时,会有错误的缝隙或孔洞,即无三角形面的缺损,面没有完全填充。此时,需要手动操作,将缺损部分增补三角形面片(图 7-8)。

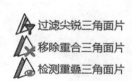

图 7-7　三角面片检测及处理　　　　图 7-8　错误诊断

4. 三角形过多或过少

进行 STL 格式转换时,若转换精度选择不当,会出现三角形过多或过少的现象。若选择的转换精度高,产生的三角形面数量过多,使文件占用计算机空间过大,超出软件的承受范围,可能会出现一些意料之外的软件错误,导致成型困难。当转换精度选择较低时,产生的三角形数量过少,导致模型形状不够理想、表面尺寸精度不足、表面模型细节不显示等情况,不能满足模型成型的需要,则应该适当提高 STL 转换精度(图 7-9)。

5. 微小特征遗漏或出错

现实产品模型上经常会有一些比较微小、细致的表面特征(如细小的缝隙、凸起或筋线等),STL 格式显示时由于表面难以布局足够多数目的三角形面片,会导致某些细小特征的丢失,或者在后续 3D 打印软件切片处理时出现错误。对于这些情况,可以采用提高 STL 转

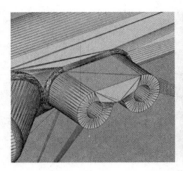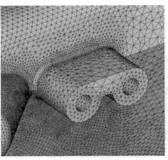

图 7-9　三角面片数量控制

换精度来解决,或使用更小的切片间隔来避免这类问题。但这会导致文件数据量变大,造成数据处理压力,并会出现一些未知的问题。

　　综上所述,在进行 3D 打印之前,需要对三维软件产生的 STL 格式文件进行检测。目前有多种用于检查、纠错和编辑 STL 格式文件的专业软件,如表 7-1 所示。

表 7-1　多种专业软件一展览

软件名称	开发公司	运行环境	功能
Rapid Prototyping Module(RPM)	Imageware USA	UNIX Windows	检查、侦错、修改,能将模型分成两个以上的 STL 文件
Rapid Editor	Desk Artes OyFinland	UNIX	观察、侦错、修改
Pogo3.0	POGO USA	Windows	观察、缩放、移动、复制,STL 与 DXF、OBJ 格式之间的双向转换
Solid View	Solid Concept USA	Windows	观察、测量、编辑
Solid View/RP	Solid Concept USA	Windows	取截面、移动、缩放、镜像复合编辑
STL/Wiew	Compunix	Windows	图形显示
STL/Wiew7.0	IgorG.Tebelev	Windows	观察、分析、移动、复制、合并、缩放、镜像、固定实体边界,实体间的布尔运算
MAGICS	Materialise N.V. Belgiun	Windows	观察、测量、变换、成型准备,生成支撑结构

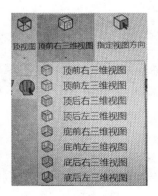

图 7-10　视图功能

三、软件功能说明(以 MAGICS 为例)

1. 视图

　　为更好地了解 STL 文件所表达的模型,MAGICS 提供了视图功能。通过这个功能,可以对显示的模型立体阴影图进行随意旋转、观察,还可以剖视得到截面,从而观察模型的内部(图 7-10)。

2. 测量

　　可以测量 STL 模型上的点与点、线与线、弧与弧之间的距离,并且可以打印出测量结果(图 7-11)。

零件尺寸　重心　测量点到点的距离　测量厚度　添加实际测量值　测量质量

图 7-11　测量功能

3. 变换

可以实现对 STL 文件的模型进行变换，对模型执行布尔运算、分割，减少或增加三角面片的数量，还可以对三角面片进行复制、镜像和缩放等操作（图 7-12）。

补洞模式　　创建桥　　创建三角面片　　删除三角面片　　剪切三角面片

图 7-12　变换功能

4. 修复

可以实现对 STL 文件模型错误的修复，如缝合、填充裂隙、调整法线方向等（图 7-13）。

法向修复　　　自动缝合　　　孔修复　　　干扰壳体

图 7-13　修复功能

5. 成型准备

对模型进行打印前，MAGICS 可以对 STL 文件进行准备操作，如移动、旋转、套做和切片，并且预算用料量、制作时间及成本。此外，可以根据模型特点生成不同种类的支撑结构，以保证模型的悬空部分能完整地打印出来（图 7-14）。

加工时间估算　　成本估算器　　材料成本估算　　体积估算　　切换摆放密度

图 7-14　成型预算功能

第二节　CAD 建模软件

三维数据建模是零部件 3D 打印成型的重要基础，任何 3D 打印工艺都是以模型数据为依据的，因此高品质零部件的成型离不开模型数据的构建。目前，有很多可实现三维数据建模的软件，主要有照片建模、专业工程软件建模及开源软件建模等，都属于正向建模，可以快速实现建模，用于 3D 打印。

一、工程建模软件

通常,可以建模的三维软件都可以用来构建 3D 打印模型,常用的软件有 3DMAX、UG、CATIA、Maya、Pro/E、Solidworks、Rhino、Alias 等(图 7-15)。其中 UG、Pro/E、Solidworks 为实体软件,更偏向于工程建模。CATIA 建模功能强大,但更多应用于装配设计,尤其以装配大型装备而闻名,如汽车、船舶、飞机等大型产品。Maya、3DMAX 偏向于动画制作、角色建模、场景设计、CG 设计等,3DMAX 还被常用于建筑、室内效果的制作。Rhino、Alias 偏向于曲面设计,曲面编辑能力强大,多用于曲面复杂的产品建模或汽车建模,但是实体功能相对较弱。上述这些软件均可以生成三维实体模型,能够导出 STL 格式文件,并针对不同 3D 打印设备进行相应的格式转换,完成打印操作。

图 7-15　工程建模软件

二、照片建模软件

照片建模是一种时间短、成低本、精度高且可以批量制作模型的建模方式。照片建模的软件有很多,有 Autodesk 123D、my3D scanner、insight3D、3Defy、3D Cloud 等,各软件功能相似,可以直接从照片得到三维模型。

最常用的照片建模软件是 Autodesk 公司的 Autodesk 123D,它拥有三个功能模块,分别是 Autodesk 123D、Autodesk 123D Catch 和 Autodesk 123D Make。其中,Autodesk 123D Catch 拥有很强的云计算能力,可以将普通数码照片快速地转换为高质量的三维模型数据,也可以将手机拍摄的照片轻松转换成比较理想的三维模型(图 7-16)。

图 7-16　**Autodesk 123D Catch**

Autodesk 123D Catch 基本操作步骤:下载 Autodesk 123D Catch 并安装;启动软件进行账号申请并登录;登录成功后,选择创建新项目以导入照片;将目标物清晰、连贯的多个角度照片导入软件；经由软件进行云计算并生成模型；网格面修复及软件修正后，即可进行 3D 打印。

三、开源建模软件

开源建模软件是指网络上一些免费的、比较袖珍、功能有侧重的建模软件，这些软件的功能往往更专业化、单一化。下面介绍几款适合 3D 打印建模的常用开源软件。

（1）Blender。一款很受欢迎的三维绘图软件，具备建模、动画等功能（图 7-17），已经具有一般商业软件的规模。

（2）Wings 3D。适合建立细分曲面模型，能够实现各种工业建模、动画建模等，拥有多种设计辅助功能，快速设计出相应的模型。

（3）Mesh Mixer。该软件是美国 Autodesk 公司开发的一款 3D 模型软件，可以实现混合现有的网格面来构建 3D 模型，支持 Windows 和 ios 操作系统。软件自带一些模型模块，如人类、动物的五官或肢体，可以拖拽现有模块嫁接到目标模型上，并通过缩放、旋转和移动工具调整模块大小、角度、位置等，符合 3D 打印的自由创作要求（图 7-18 和图 7-19）。

图 7-17 Blender 三维模型

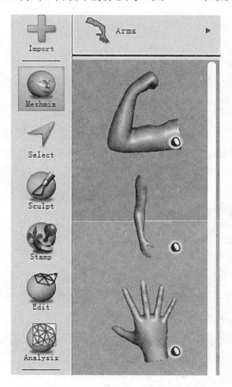

图 7-18 Mesh Mixer 模型模块

图 7-19 添加模块

图 7-20 Sculptris 软件界面

（4）Sculptris。一款 3D 雕刻软件，软件小巧却功能强大。建模的过程类似捏一块橡皮泥，可以执行拉、捏、推、扭、扯等动作，实现三维模型，比较适合构建 3D 打印模型（图 7-20）。

（5）Make Human。一款针对人物和人体的 3D 建模软件，可以精确地设计身体或面部的细节特征，使表情和肌肉具有非常高的逼真度，适合 3D 打印建模（图 7-21）。

（6）Blokify。一款简单的 3D 建模小软件，功能简单、容易操作，适合制作乐高、积木类的模型，适用 iOS 系统（图 7-22）。

图 7-21　Make Human 软件逼真表情

图 7-22　Blokify 软件模型

此外，还有其他类似的开源小软件，如 OpenSCAD、Art of Illusion、Free CAD、BRL-CAD、K-3D 等，都可以制作 3D 打印模型。这些开源软件都可以在网络上找到并下载安装，容易上手，使用方便。

第三节　三维数据建模

三维模型是物体的多边形表示，可以是现实世界的实体，也可以是虚构的物体。任何物理自然界存在的东西，都可以用三维模型表示。三维建模软件利用基本几何元素，如立方体、球体等，通过系列几何操作，如平移、旋转、拉伸及布尔运算等，构建复杂的数据模型。三维建模软件构建三维模型的主要方式包括几何建模、行为建模、物理建模、对象特性建模及模型切分等。

一、Rhino 软件建模

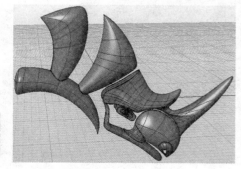

图 7-23　Rhino 软件建模

Rhino（犀牛）软件由 Autodesk 公司出品，是一款曲面建模功能特别强大的建模软件，也可以用于实体模型构建。Rhino 软件功能强大、操作简单、使用方便，被广泛应用于各类产品设计，也是 3D 打印数据建模的常用软件（图 7-23）。

Rhino 可以通过曲线生成模型和实体构建模型，其中曲线生成模型具体步骤包括：

（1）根据尺寸、形态要求建立结构曲线。

（2）根据曲线布线规律选择适当的曲面生成工

具来生成各种曲面,曲面工具有旋转、放样、单轨、双规、网线成面、补丁等。

(3)曲面可以通过面操作工具进一步修正,以达到设计的要求。

(4)曲面拉伸厚度变成实体。

(5)实体化的模型转换成 STL 格式,就可以导入 3D 打印机。

实体构建模型可以采用线进行拉伸成实体(图 7-24),也可以直接选择模型库的实体,通过后续布尔运算的相交、减去、差集等操作,生成目标模型,进而抽壳生成薄壁件,最后导出模型,就可以用于 3D 打印。实体建模适合制作结构、细节比较多,曲面少、容易破面的产品(图 7-25)。

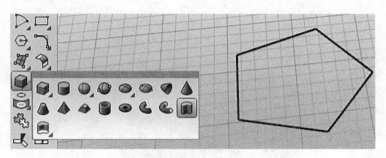

图 7-24 线拉伸实体

除此之外,Rhino 的多边形建模插件 T-spline 较为常用,其功能类似于 3DMAX,可以将模型进行拉、捏、扭、焊接等操作,并且模型不会破面,可以生成造型复杂、曲面流畅的个性模型(图 7-26)。

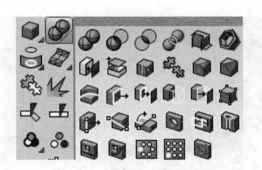

图 7-25 实体布尔运算

图 7-26 插件 T-spline 应用案例

二、3DMAX 软件建模

3DMax 软件是 Autodesk 公司出品的一款三维软件,集成了游戏、影视、建筑、室内设计等系列功能,被广泛应用于设计行业。3DMax 软件最大的特点是可以对多边形进行各种细化操作和对点线面的挤压、拉伸、扭转等操作,实现动物形象、游戏角色、复杂 CG 形象等的建模,功能非常强大。

下面以"如意"模型的建模过程为例,介绍 3DMAX 软件的多边形编辑功能:

(1)用样条曲线画出浮雕一半轮廓线,再将封闭样条线转化为可编辑多边形(图 7-27)。

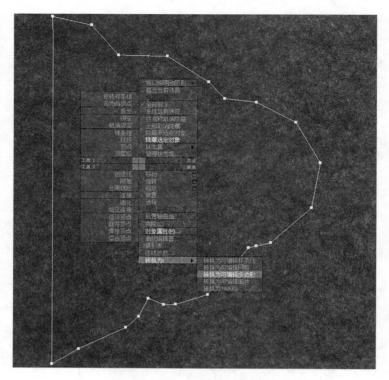

图 7-27　可编辑多边形

（2）用缩放变换输入将中轴线的点 X 轴对齐，再用剪切工具勾出大致纹样线（图 7-28）。

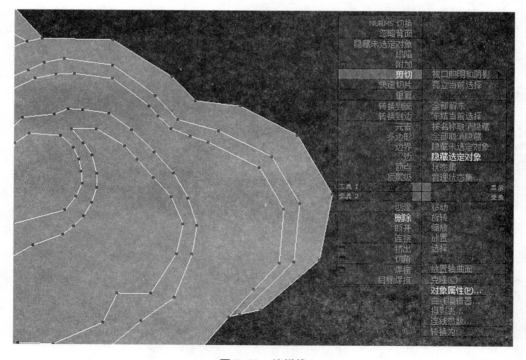

图 7-28　纹样线

（3）用剪切工具布置结构线（图7-29）。

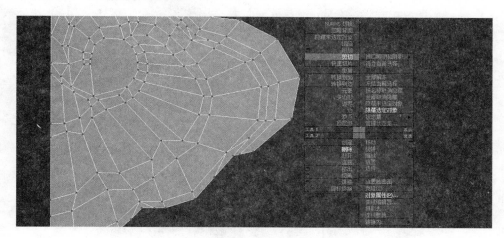

图7-29 结构线

（4）选中所有多边形，用"挤出"命令挤出一定厚度（图7-30）。

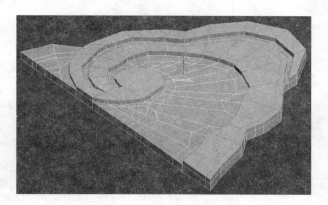

图7-30 挤出厚度

（5）将选中的线条往 Z 轴方向向上拉至适宜高度，可通过左右视图调整高度，拉出曲面层次感（图7-31）。

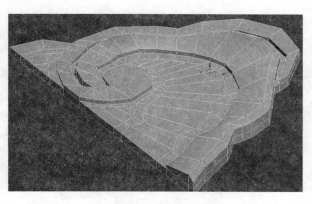

图7-31 拉出曲面层次感

（6）根据曲面上下左右微调结构线上的点，必要时可以将点用"焊接"命令达到效果（目标焊接是将一个点焊接到另一个点，若有重合曲面，两个焊接命令将无法使用），用"插入"命令在选中的多边形处新建多边形（图7-32）。

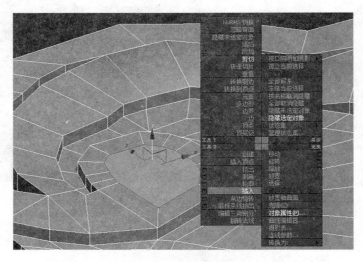

图 7-32 "插入"新多边形

（7）将插入的新多边形调整至合适高度并布置结构线（图7-33）。调整结构线上的点，使其形成弧线状（图7-34）。

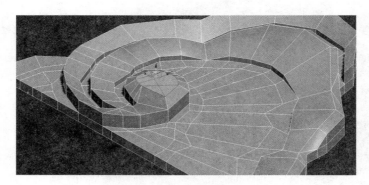

图 7-33 布置结构线

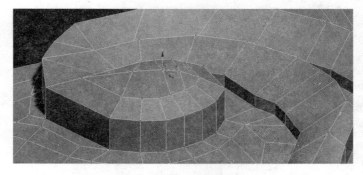

图 7-34 调整形成弧线状

（8）打开编辑面板，选择修改器列表中的"涡轮平滑"。在"涡轮平滑"中设置适当的迭代次数，在接下来的调整点、线、面的过程中，可以通过"涡轮平滑"查看模型效果，调整优化至最佳效果（图7-35）。

（9）其他凹凸部分同样按照上述步骤，选用挤出、插入、焊接、调整结构线、点、面等方法进行调整，完成半个"如意"模型（图7-36）。

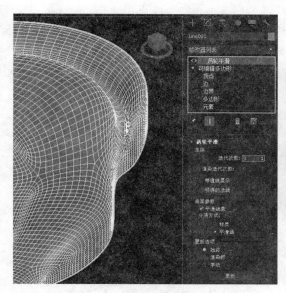

图7-35 "涡轮平滑"命令

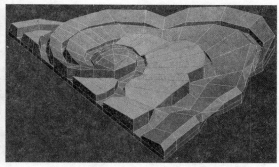

图7-36 半个"如意"模型

（10）打开编辑面板，选择修改器列表中的"对称"，点击"镜像"，调整坐标轴至合适位置（图7-37）。

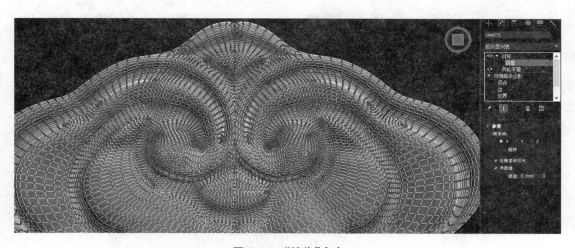

图7-37 "镜像"命令

（11）将"涡轮平滑"命令拖动至"对称"命令之上，拖动前后对比，如果不将"涡轮平滑"放在最后，会有焊接缝（图7-38）。

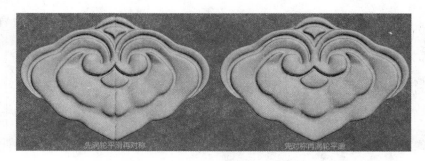

图 7-38　效果对比

（12）接下来要将"如意"加厚，并增加一个底面。在可编辑多边形中，选择"边界"，点击并选择"如意"底部的边界线（如果不是完整的封闭曲线，则不能选择），并拉动边界线适当加厚（图 7-39）。

图 7-39　加厚处理

（13）点击"边界"下拉菜单的"封口"命令，得到封闭的多边形，"如意"模型建模完成（图 7-40）。

图 7-40　"如意"模型

练习题

一、填空题

1. STL 模型中每一个三角形用_____个顶点的坐标和_____个法向量描述。

2. MAGICS 的_____可以对显示的模型立体阴影图进行随意旋转、观察。

3. 通常，可以建模的三维软件都可以用来构建 3D 打印模型，其中_____、_____等为实体软件，且更偏向于工程建模。

4. STL 文件格式的规则有_____、_____、_____和_____四个规则。

5. Rhino 的多边形建模插件_____较常用，其功能类似于 3DMAX，可以将模型进行拉、捏、扭、焊接等操作。

二、选择题

1. 下列工程软件中，属于曲面建模软件的是(　　)。
   A. 3D MAX　　　　　B. UG　　　　　C. Solidworks　　　　D. Rhino

2. 以下不属于 Autodesk 123D 功能模块的是(　　)。
   A. Autodesk 123D　　　　　　　　B. Autodesk 123D View
   C. Autodesk 123D Catch　　　　　　D. Autodesk 123D Make

3. 关于 STL 格式三角面的描述，正确的是(　　)。
   A. 面越少越光滑　　　　　　　　B. 三角形面片要共点
   C. 可以在建模软件中修改　　　　D. 三角面片可以不共点

4. 以下哪个软件建立的模型有可能不是 STL 格式的(　　)。
   A. 3DMAX　　　　　　　　　　B. Gcomagic Studio
   C. Mesh Mixer　　　　　　　　　D. Sculptris

三、简答题

1. 请列举几款适合 3D 打印建模的常用开源软件。

2. 请对比分析照片建模软件与工程建模软件。

3. 简述 STL 格式转换过程中可能出现的几种缺陷。

4. 简述 Rhino 可以通过曲线生成模型的主要步骤。

5. 简述 STL 格式模型的特点及应用。

第八章 逆 向 工 程

第一节 逆向工程概述

　　传统的产品设计程序一般采用正向的路径模式,根据市场或客户需求对预期产品进行抽象创意,赋予其形态、结构、功能、规格与预期指标,借助计算机辅助设计制作模型或样机,进而制定相应的工艺流程,完成后续加工与装配,最终完成产品检验及性能评测。实际情况中产品设计流程往往不是基于产品设计蓝图及 CAD 数据的正向设计过程,而是在已有产品原型上进行改造、再设计,需要对原有产品模型进行三维数据采集与处理,这种路径模式被称为"逆向工程",产品数据采集和处理方法可分为传统数据测绘与现代数据测绘。

一、逆向工程的定义

　　逆向工程也叫反求工程(Reverse Engineering),简称 RE。逆向工程与传统的产品正向设计路径相反,它是将已有的产品模型或零部件进行三维数据的采集与处理,在此基础上,根据设计的要求和生产的需要进行形态、结构、工艺等要素的再设计,从而获得具有新形态、新功能的零部件。逆向工程也是产品创新的一种途径,它是将现有的系统或产品,通过数据采集、复制,并在此基础上进行改进、创新,从而实现超越原有的产品或系统的过程(图 8-1)。逆向工程不是仅对原有产品的简单模仿或重复,而是对原有产品的改造、升级和创新。

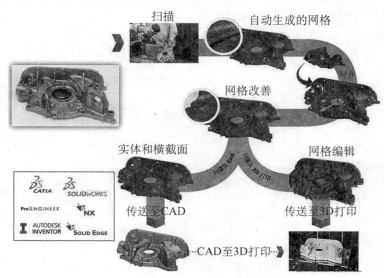

图 8-1　逆向工程流程

二、逆向工程的应用

逆向工程技术主要用于产品的改型或仿形设计、损坏或磨损零件的修复还原、产品三维数据测量与重构等,且该技术已与虚拟现实技术、神经网络、人工智能、知识工程等先进设计、制造与控制技术形成前沿交叉学科,逐步应用于汽车、模具、家具、工业检测、动漫娱乐、文物保护、航空航天等领域。

1. 新产品的设计

在工业设计领域,有些复杂产品或零件难以用确定的设计概念表达,为获得更优化的设计,通过创建基于功能和分析需求的物理模型,进行复杂或重要零部件的设计,然后采用逆向工程构建三维模型,进而实现产品的改型或仿形设计(图 8-2)。

2. 现有产品的复制

在缺少二维设计图纸或者原始设计参数情况下,三维扫描可以将实物产品转化为数字模型,进而通过逆向工程方法对产品进行复制,再现原产品或零件的三维模型(图 8-3)。

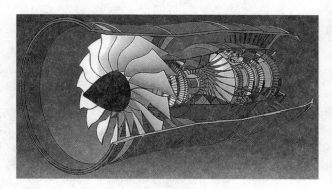

图 8-2　复杂产品设计

图 8-3　现有产品复制

3. 损坏或磨损零件的修复

当零件损坏或磨损时,可以通过三维扫描的方法重构零件的数字模型,对损坏的部分进行修补或修复,并可快速生产完整的零部件,从而提高设备的使用寿命(图 8-4)。

图 8-4　损坏产品修复

4. 产品优化设计

某些产品的外形难以直接采用正向设计，只能明确在产品功能和美学需求的基础上先进行概念化设计，然后采用逆向工程的方法进行模型制作、修改和优化，不断提高模型的结构和精度，直到满足各种设计要求（图8-5）。

5. 产品质量检测

对加工成型的新产品进行三维扫描测量，采集产品数据与原始设计模型进行对比分析，从而检测制造误差，提高设计水平和制造精度（图8-6）。

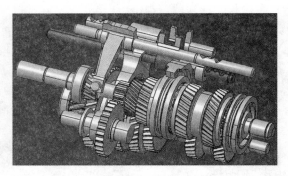

图 8-5　产品优化设计　　　　　　　　图 8-6　零件质量检测

第二节　逆向测量技术

逆向工程利用测量工具对产品的立体模型进行三维离散数字化处理，实现精准、快速、完整地提取产品的三维数据。常用的逆向测量技术大致可分为接触式和非接触式两类，测量原理包括声、光、电等技术形式。

1. 接触式测量方法

（1）触发式

触发式接触测量的测量精度取决于测头精度，其基本原理是当测头测端与被测工件接触时精密量仪发出采样脉冲信号，并通过仪器的定位系统锁存此时测端球心的坐标值，以此来确定测端与被测工件接触点的坐标。测量方法通常有两点定线、三点定面、三点或四点定圆等，实质上是用几个点的坐标来确定理想几何要素的尺寸大小。该类测量方法具有结构简单、使用方便、制作成本低及较高触发精度等优点，但也有测量效率较低，不适用于软质表面的模型测量等弱点，存在各向异性（三角效应）、预行程等误差，最高精度只能达零点几微米。

德国 Zeiss 公司 ST3 测头采用压电传感器和电子机械开关两种技术相结合的触发方式，当采用压电传感器方式触发时，测量力可以减小到 0.01 N，配合电子机械开关触发方式，可以避免灵敏的压电传感器引起的误触发（图8-7）。

Renishaw 公司触发式测头 TP200 采用高灵敏度的应变片技术进行触发，大大减小了测头的各向异性和预行程变化。结构采取感应接触形变的应变片和机械复位机构相隔离，消除了很大一部分由振动引起的测量误差。在测杆长达 100 mm 的情况下，单向重复性精度为 0.5 μm，预行程变化量小于 4 μm（图 8-8）。

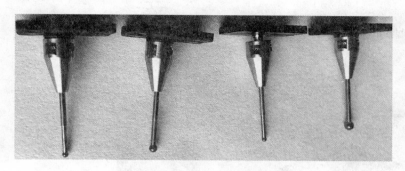

图 8-7　Zeiss 系列测头

图 8-8　Renishaw 测头 TP200

（2）层析法

层析法也是一种接触式的逆向工程测量技术，其测量方法：首先将产品或工件模型进行填充，然后利用铣削加逐层光扫描相结合的方式，获得产品或工件内外三维数据信息，接着将数据整合，得到被测量目标物的三维数据。层析法的优点是可以测量任何形状、任意结构的模型或零件的内外轮廓数据，但该方法具有破坏性。

2. 非接触式测量方法

非接触式测量可以实现不接触物体的数据测量，根据不同的技术原理可分为光学测量、超声波测量和电磁测量等方式。其中，光学测量方法比较成熟，以下介绍几种常用的光学测量方法：

（1）基于光学三角形原理的测量方法

该测量方法是根据光学三角形测量的原理，光作为发射源，以光点、单线条、多光条等形式，将光投射到被测物体表面，并采用光电敏感元件接收投射激光的反射能量，根据光点或光线在物体上成像的偏移量，通过被测目标物体的基平面、像点、像距等之间的关系，计算目标物体的深度信息。

（2）基于莫尔条纹法的相位偏移测量方法

该测量方法是将光栅条纹投射到被测目标物的表面，光栅条纹受被测物表面形状的调制，其条纹间的相位关系会发生相应变化，数字图像处理技术会解析出光栅条纹图像的相位变化量，由此获得被测物表面的三维数据信息。

（3）工业 CT 断层扫描测量方法

工业 CT 测量法是将物体进行断层截面扫描，以 X 射线的衰减量为依据，经数据处理重建断层截面图像，将不同位置断层面图像合并，可建立物体的三维模型数据，可实现对被测物体内部的形态和构造进行无损测量（图 8-9）。这种测量法的设备造价高，测量系统的空间分辨率较低，采集数据时间较长，设备体积较大。

（4）立体视觉测量方法

立体视觉测量方法根据一个三维空间中的点在不同空间位置的两台（或多台）摄像机所拍摄图像的视差，以及摄像机之间位置的空间几何关系，获取该点三维坐标值。立体视觉测量方法可以对处于两台（或多台）摄像机共同视野内的目标特征点进行测量，而无需伺服机构等扫描装置（图 8-10）。

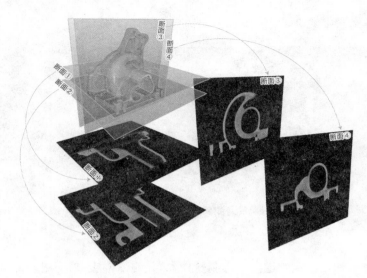

图 8-9　工业 CT 断层扫描

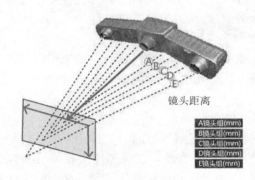

镜头距离

| A镜头组(mm) |
| B镜头组(mm) |
| C镜头组(mm) |
| D镜头组(mm) |
| E镜头组(mm) |

图 8-10　立体视觉测量

（5）扫描测量设备

扫描测量方法采用各种扫描式测量探头，通过多点信息来描述目标物体的结构、特征、复杂曲面轮廓等。

1）激光扫描仪

激光扫描仪通常将被扫描的目标物体固定在可旋转的测量台上，激光发射头安装于活动横梁上，激光头可以通过与横梁保持水平方向的往复运动进行扫描，也可以与横梁一起做上下垂直往复运动进行扫描。当激光束投射到带有白色反光粉末材料的测量物表面时，激光传感器收集到激光反射信号，由此获得被测物体表面各个三维点的高度差。再用配套的软件对所得数据进行计算处理，得出各个离散点的坐标值，众多离散点在计算机上显示出点云，点云形成被测量物体表面的大体轮廓。所得数据可被转成各种格式的三维模型文件，经过模型软件的进一步处理完善，得到所需的三维模型。

2）零件断层扫描仪

零件断层扫描技术采用层层切削与逐层扫描相匹配的方法，能获取物体的外部和内部结构的三维数据，形成三维模型参数（图 8-11）。操作步骤如下：

图 8-11　零件断层扫描仪

① 处理

将待测零件放置于容器内,加入特殊的黏结剂形成测试块,作用是填充零件内空隙,便于后续切削加工时零件各部分可以形成良好的支撑,防止变形或断裂。此外,后续光学扫描环节能够提高对比度,以获得更准确的三维数据信息(图 8-12)。

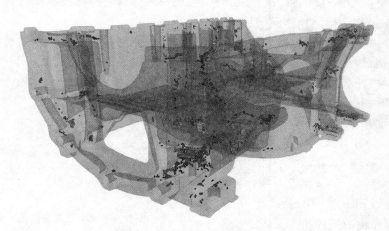

图 8-12　断层扫描前处理

② 逐层切削

将上述测试模块固定在断层扫描仪上,铣刀从上往下将测试块开始逐层切削(每层厚度为 0.025 mm)。

③ 逐层扫描

每切削一层厚度,扫描仪上的光学系统就对测试块表面扫描一次,从而持续采集待测零部件每层的轮廓数据。

④ 构造三维模型

用配套软件处理每层的轮廓数据,组合成零部件的整体数据,最终得到零件的整体三维模型,进而可以转换成各种模型软件格式。

为了满足 3D 打印设备对模型格式的要求,绝大部分扫描仪都可以输出 STL 格式文件,从而可以直接被 3D 打印设备所识别与使用。部分扫描仪具有处理离散数据的功能模块,这些模块能将扫描获得的离散数据转换成完整的 3D 模型数据。美国 Imageware 公司研发了一款针对离散数据处理的软件 Surfacer,功能非常强大,可以实现对数字化点、曲线或曲面的形式输入的模型数据进行转换和分析,并可以向下游的分析、设计、渲染、动画或制造输出模型数据,同时还具备点、曲线、曲面的编辑功能(图 8-13)。

图 8-13　Imageware Surfacer 常用功能

3)CT 扫描仪

CT 扫描技术已广泛应用于医疗诊断、假体设计、工业检测和三维数字化,目前技术比较先进的 CT 扫描技术是螺旋式 CT 扫描。它的基本原理:当扫描机对实体(或人体)扫描时,待测物体在门架内连续地缓缓向前移动(速度为 1~10 mm/s),固定于门架上的 X 射线管与检测系统围绕待测物体连续转动以获取扫描数据,两种运动之间需要密切配合,X 射线管和检测系统每转动 360°,待测物体向前移动一个切片厚度(1~2 mm)。

由 CT 扫描获得的原始数据为截面 CT 图像,每一张 CT 图像包括被测目标的内、外构造的截面构造信息,这些截面构造几何图像是建立三维模型的原始数据。CT 扫描原始数据要转化为 CAD 三维模型文件,首先要经过图像分割算法,将 CT 扫描图像作为一套二维轮廓,从中提取截面几何信息,二维轮廓可以转换成扫描切片层厚的三维 CT 轮廓。

利用高级轮廓分割软件算法可以获取各个表面的 CT 轮廓,进而利用表面拟合技术可以将被提取的三维轮廓数据转换成 CAD 三维表面,所构建的三维表面可以输出到任意 CAD 建模系统,经过优化修改的 CAD 模型可以用于进一步设计或其他应用。CT 扫描及 CAD 模型构造流程如图 8-14 所示。

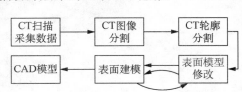

图 8-14　CT 扫描与三维模型构造流程

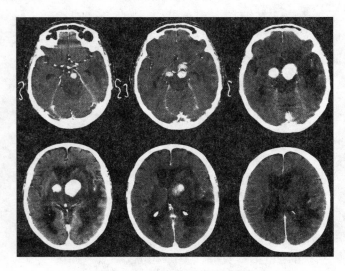

图 8-15　CT 扫描数据采集

① 数据采集

CT 扫描主要分为两种,一种是医学用 CT 扫描,另一种是工业用 CT 扫描。两种 CT 扫描所针对的目标物体的密度不同。医用 CT 扫描机适用于低密度的对象,如塑料、人体器官、低密度金属等(图 8-15)。工业 CT 扫描机适用于扫描高密度材质,扫描结果呈现为目标物体的一组截面图像。扫描图像的效果取决于分辨率、扫描间距和噪声等因素,因此,扫描过程需要控制这些影响因素。

② CT 图像分割

CT 图像分割是指将有价值的

信息从 CT 图像的背景或者其他信息中分离出来。阈(门限)方法可用来实现图像分割。确定阈值有多种方法,目的是将被分割区的某些特征信息和相应物理对象的特征信息进行测量或比较。CT 图像设定阈值后被转换成二进制图像,然后用边缘检测算法来提取内、外 CT 轮廓,再将被提取的原始 CT 轮廓导出为 IGES 文件,以便后续使用(图 8-16)。

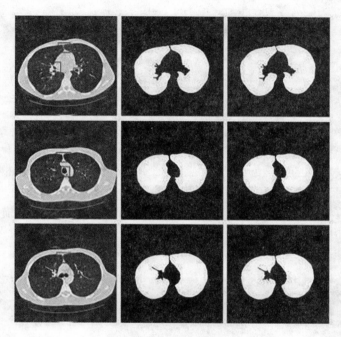

图 8-16　CT 图像分割

③ CT 轮廓分割

CT 轮廓分割是将所扫描的不同物体的外轮廓逐个分离出来,可以采用一种半自动"种子增长"方法捕捉表面轮廓信息。"种子增长"方法具体操作流程:首先,根据所需切片上的轮廓点选择一系列离散点,确保所选离散点形成完整清晰的轮廓,称为"种子轮廓";

接着,用某条曲线作为"种子样条",根据"种子轮廓"进行拟合;样条曲线用其阶次、结束点结构和控制点来记录选择逻辑,采用弹性样条和优化算法,便于自动提取后续切片的类似轮廓;然后,设定好样条曲线和轮廓提取算法,后续的步骤就是重复操作提取所有相似的轮廓信息;最后,修补两个分割部分之间的空隙,形成比较清晰的物体连续轮廓。如图 8-17 所示为 CT 扫描分割后 3D 打印的肝脏模型。

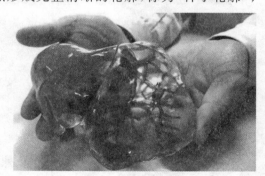

图 8-17　肝脏模型

④ 表面建模

表面建模分为两个部分,即拓扑结构划分和单个表面拟合。拓扑结构划分是将 CT 轮廓的点群分成若干单独的拓扑结构区,每个结构区表示一个单独的表面区块。单个表面拟合时,代表规则几何特征(如平面、圆柱面、圆锥面和球面)的点群区必须直接当作相应的几何特征进行拟合,其他点群区则用样条表面当作自由曲面进行拟合。

⑤ 表面模型修改

表面三维建模完成后,可利用 CAD 软件对模型进行进一步修改以优化模型,通常可采取表面修整、调整曲面的曲率流畅性和光滑度、补面等操作。目前,行业内有专门的医用 CT 扫描图像转化软件,例如 Materialise 公司的 Mimics、生成支撑结构的 C-SUP、建模用的 CTM 和连接 CAD 系统的 MedCad 等。

第三节　三维扫描技术

三维扫描技术是指集光、机、电和计算机技术于一体的数据采集技术,可以扫描空间物体的外形、结构及色彩,以获得物体表面的空间三维坐标数据,并能够将模型的三维信息转换为计算机能直接处理的数字模型,快速、便捷地实现物体的数字化(图 8-18)。

三维扫描仪可以对手板、样品、模型等实体进行扫描,具备快速、精确、非接触等优点,故得以快速推广、应用。三维扫描仪能够快速采集模型的三维数据,扫描数据可以直接与 CAD/CAM 软件相匹配,大部分逆向软件系统可以对扫描数据进行筛选、修补、编辑等处理,优化完成的数据模型可进行 CNC 加工或 3D 打印,实现产品快速制造(图 8-19)。

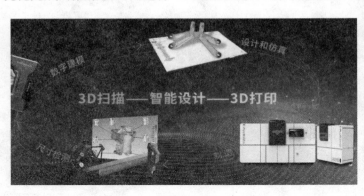
图 8-18　三维扫描与 3D 打印技术

图 8-19　三维扫描仪

三维扫描技术可以实现非接触测量,测量数据可直接与多种软件匹配,具有速度快、精度高等特点,随着 CAD、CAM、CIMS 等技术的应用日益普及,三维扫描技术的应用领域不断得到拓展。

一、三维扫描技术主要应用领域

(1)建筑、古迹测量:建筑物内部及外观的测量保真、古迹(古建筑、雕像等)的保护测量、文物修复、古建筑测量、数字化博物馆(图 8-20)、文物数字化宣传展示(图 8-21)、遗址测绘、现场虚拟模型等。

(2)测绘工程:公路测绘、铁路测绘、河道测绘、建筑物测绘、滑坡监测、隧道监测、大坝变形监测、隧道地下工程结构监测等(图 8-22)。

图 8-20　数字化博物馆

图 8-21　文物数字化宣传展示

图 8-22　隧道监测

（3）结构测量：桥梁结构测量（图 8-23）、产品结构检测（图 8-24）、几何尺寸测量、空间测量、体积测量、大型制造设备测量等。

图 8-23　桥梁结构测量

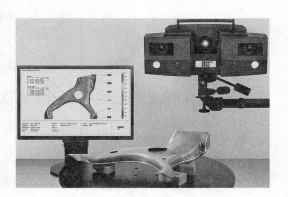

图 8-24　产品结构检测

（4）倾斜摄影：无人机倾斜成像、定点监察、实时图传、远端控制喊话、环境治理、城市电力线路巡检等（图8-25）。

（5）紧急服务：反恐侦察、陆地侦察、攻击监视、移动侦察、灾害估计、森林火灾监控、灾害预警和山体滑坡监测（图8-26）等。

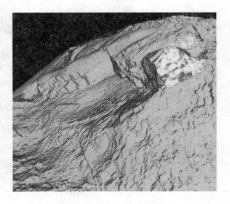

图8-25　倾斜摄影　　　　　　　　　　图8-26　山体滑坡监测

（6）娱乐业：影视道具设计、电影场景设计（图8-27）、3D游戏开发、虚拟博物馆、虚拟旅游指导、人工成像、场景虚拟等。

图8-27　电影场景设计

二、扫描设备分类

1. 拍照式

拍照式三维扫描仪类似于照相机那样拍摄照片，能够满足工业设计行业应用需求，具备高速扫描与高精度优势，可按需求自由调整测量范围，从小型零件扫描到车身整体测量，均可实现，具备极高的性价比（图8-28）。

优点：扫描范围大，速度快，精度高，操作简单，价格较低；扫描采集的点云数据杂点少；系统内置标志点能够自动拼接及自动删除重复数据；是产品开发、品质检测的必备工具，可应用于产品设计、逆向工程及三维检测等。

缺点：灵活性较差；扫描大型物件时精度不高；扫描结构复杂物体时效率较低；对扫描对

象的颜色和材质的要求高（图 8-28）。

图 8-28 拍照式三维扫描仪

2. 手持式（图 8-29）

优点：灵活便携高效；适合扫描大型物体；适合扫描结构复杂或多曲面物体；可以扫描高亮面和黑色表面；不受环境光线影响；不需要额外跟踪或定位配套设备；可移动操作，扫描方便等。

缺点：不擅长扫描微小型物体；细节特征不如拍照式三维扫描仪。

3. 固定式（图 8-30）

固定式三维扫描仪安装于固定的位置，通常将扫描对象放置于转盘上，扫描对象在扫描过程中伴随着转盘旋转 360°，扫描仪以不同角度采集扫描对象数据，配套软件合并所有扫描数据，生成完整的三维模型。

优点：扫描精度高，扫描稳定性好，性价比高；

缺点：扫描速度慢，花费时间较长，需要标定程序，灵活性不足。

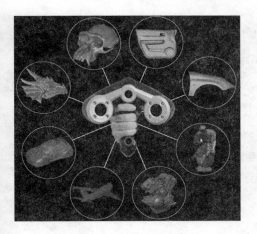

图 8-29 手持式三维扫描仪

图 8-30 固定式三维扫描仪

4. 跟踪式（图 8-31）

跟踪式三维扫描仪能够实时跟踪定位扫描头的空间位置，可扫描大中型样件，轻松采集高精度三维数据，适用于各类静态和动态应用场景，包括航空航天、汽车、造船、能源等行业

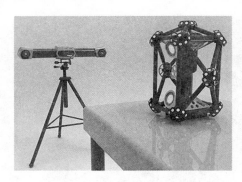

图 8-31　跟踪式三维扫描仪

的大场景三维检测需求。

优点：无需粘贴标志点，扫描精度较高，测量范围大，可测量大型物体等。

缺点：设备价格较高。

三、扫描原理

1. 结构光扫描原理

光学三维扫描原理是将光栅连续投射到物体表面，摄像头同步采集图像数据，同时对图像进行计算，并利用相位稳步极限线捕捉两幅图像上的三维空间坐标（X、Y、Z），从而实现对物体表面三维轮廓的测量。

2. 激光扫描原理

激光扫描仪的基本结构包括激光光源、扫描器、光感检测器、控制单元等部分，常采用密闭式低功率的氦氖激光、半导体激光等光源，不易受环境温度、湿度影响，容易形成光束。扫描器为旋转多面棱规或双面镜，当光束射入扫描器后，快速转动使激光反射成一个扫描光束。光束扫描过程中，若有扫描对象挡住光线，则可以测量其结构尺寸。

3. CT 扫描原理

CT 扫描包括数据采集和数据处理两部分，数据采集采用 X 线束从多个方向对扫描对象具有一定厚度的层面进行扫描，由探测器接收透过该层面的 X 线，转变为可见光后，由光电转换器转变为电信号，再经模拟/数字转换器转为数字信号，输入计算机进行数据处理。图像处理时将选定层面分成若干个体积相同的立方体，称之为体素。扫描所得数据经计算得出每个体素的 X 射线衰减系数，再排列成矩阵，构成数字矩阵。数字矩阵中的每个数字经数字/模拟转换器转为由黑到白不等灰度的小方块，称之为像素，并按原有矩阵顺序排列，即构成 CT 图像。

第四节　三维扫描典型设备

三维扫描仪用于测量、侦查、分析现实世界中物体或环境的形状、结构与外观，扫描采集的数据被用来进行三维重建，在虚拟世界中创建实体对象的数字模型。随着 3D 打印技术的快速发展，两种技术的结合可用于扫描对象的实体模型重建，广泛应用于工业设计、瑕疵检测、逆向工程、地貌测量、刑事鉴定等领域。国内外多家公司推出了系列品牌的三维扫描设备，主要有 KEYENCE、DUUMM、天远三维、思看科技、先临三维等。

一、KEYENCE 高精度三维扫描测量仪 VL 系列

KEYENCE VL 系列三维扫描测量仪能够实现复杂立体目标物的高精度三维测量，搭载两种倍率镜头，以满足各种不同尺寸工件的需求（图 8-32）。无需更换镜头、图像校正、初始设定及安装调整，物体放置后一键全自动测量。一次性测量多个目标物，可作为单独数据获取，多角度同时显示测量结果，大幅提高分析效率。

图 8-32　KEYENCE VL 系列三维扫描测量仪

图 8-33　天远三维 FreeScan Trak

二、天远三维无线跟踪式扫描系统 FreeScan Trak

天远三维 FreeScan Trak 基于动态光学跟踪原理,系统对扫描头进行跟踪定位并实时精确测量目标的三维数据,实现无需贴点的高精度三维扫描(图 8-33)。光学跟踪仪与扫描仪之间无需线缆连接,采用精确无线同步及高速无线链路传输技术,快速搭建 3D 扫描测量系统,实现无标记点、无约束的"无线自由"三维扫描。精度高达 0.03 mm,分辨率高达 0.05 mm。

三、思看科技三维扫描检测系统 AutoScan-T42

AutoScan-T42(图 8-34)适用于工厂车间自动化质量控制的智能自动检测,实现生产成本和效率最佳平衡。整个自动化扫描过程中无需贴点,无接触无损伤,与生产线高效无缝衔接,大幅减少质检负担。34 束交叉蓝色激光线,扫描精度 0.025 mm,扫描面幅 310 mm×350 mm。军工级制造品质,具有强抗干扰性,适应复杂严苛的车间环境,可广泛应用于国防军工、能源、模具制造等领域。

图 8-34　思看科技 AutoScan-T42

图 8-35　先临三维 EinScan Pro 2X Plus 2020

四、先临三维多功能手持 3D 扫描仪 EinScan Pro 2X Plus 2020

EinScan Pro 2X Plus 2020(图 8-35)采用模块化设计,兼容多种扫描模式和拼接模式,支持手持快速扫描、手持精细扫描，以及固定自由扫描和固定全自动扫描，可搭配纹理模块、工业模块及足扫模块，满足不同尺寸实物的多种细节和精度要求的 3D 建模需求，兼顾细节与效率，能够适应广泛的应用场景。这种设备数据细节丰富，可高度还原实物表面立体信息，其优化的算法增强了手持精细模式的数据表现力且兼顾数据细节与扫描流畅性。有 0.04 mm（固定扫描模式）、0.045 mm（手持精细扫描）、0.1 mm（手持快速扫描）、单片扫描范围 310 mm×240 mm 几种模式。

第五节　三维扫描操作流程

本节以先临三维扫描仪 EinScan-SE 为例，详细介绍三维扫描操作流程。

一、组装固定扫描设备

设备组装前，根据配件清单检查清点设备零部件及配件（图 8-36），按照组装扫描头、组装标定组件、组装固定转台、组装固定扫描设备、连接电源和数据线等步骤，完成扫描仪的整体组装，如图 8-37 所示。

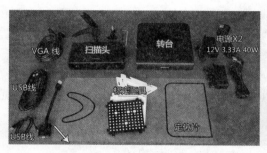

图 8-36　EinScan-SE 零部件及配件　　　　图 8-37　EinScan-SE 整体组装

二、三维扫描操作流程

1. 相机标定

通过标定软件重新计算设备的参数，能获取更好的精度和扫描质量。以下情况需要进行标定：扫描仪初次使用，或长时间放置后使用；扫描仪在运输过程中发生严重震动；扫描过程中频繁出现拼接错误、拼接失败等现象；扫描过程中，扫描数据不完整，数据质量严重下降。

相机标定时标定板需摆放三个位置，位置摆放根据软件向导操作。

（1）首先根据软件向导提示，调整好投影仪与标定板之间的距离，扫描仪十字对准标定板，十字清晰。第一组平放标定板，摆放的方位和图示的方位一致，将标定板放置在转台中心位置，如图 8-38 所示。确保标定板放置平稳且正对测头后点击"采集"，转台自动旋转一周采集数据，采集过程中不能移动标定板。

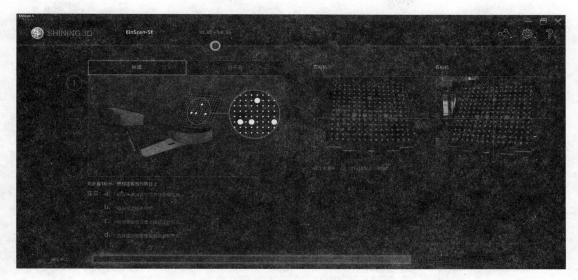

图 8-38　第一组标定

（2）采集完毕后转台停止不动，软件界面显示进行第二组标定。如图 8-39 所示，将标定板从标定板支架上取下，将标定板逆时针旋转 90°，嵌入标定板支架槽中，将标定板支架向右移动。

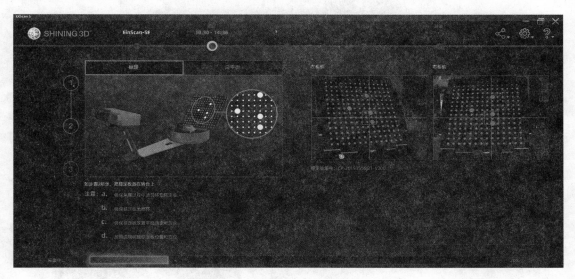

图 8-39　第二组标定

（3）第二组标定完成后进入第三组标定，将标定板从标定板支架上取下，将标定板逆时针旋转 90°，嵌入标定板支架槽中，将标定板支架向左移动，如图 8-40 所示。

（4）三组标定数据采集完成后进行标定计算，显示相机标定结果，若标定失败，则点击"重新标定"按钮，并按照上述步骤重新进行标定。若标定成功，则点击"下一步"进入白平衡标定（图 8-41）。

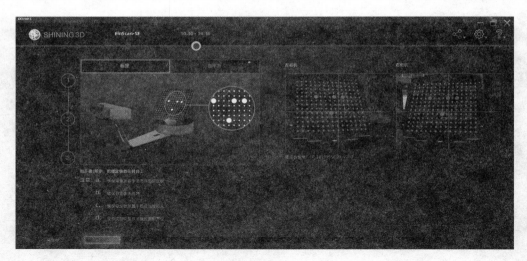

图 8-40　第三组标定

图 8-41　显示标定结果

2. 白平衡标定

为确保获取准确的纹理数据，每次环境亮度改变时，通常需要进行白平衡标定。白平衡标定时，在放标定板的位置上铺一张白纸，确保标定板放置平稳且正对测头后点击"采集"，直到软件提示标定成功，即完成白平衡校验（图 8-42）。

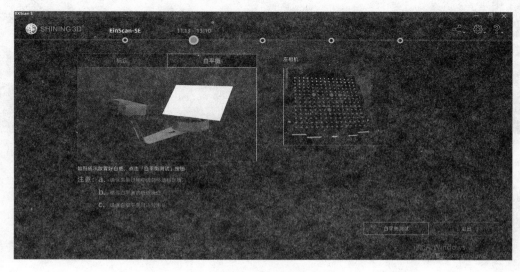

图 8-42　白平衡标定

为获取良好的纹理效果,需要保证白纸干净。若对纹理效果不满意,可改变环境亮度或重新进行白平衡标定。白平衡标定结果如图 8-43 所示。

图 8-43　白平衡标定结果

3. 扫描前参数设置

(1) 新建工程

进入新建解决方案界面,点击"新建解决方案",输入解决方案名。进入纹理选择界面,纹理扫描只有进行过白平衡标定后可使用,使用纹理扫描则扫描数据带颜色,纹理与非纹理扫描过程相同(图 8-44)。

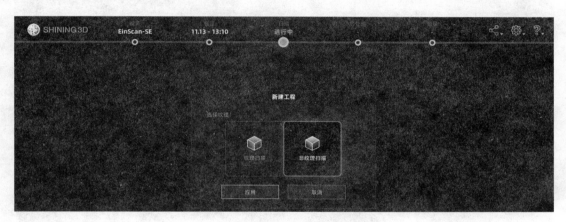

图 8-44　纹理扫描设置

(2) 工作距离设置

开始扫描前确认扫描距离合适,投影出的十字在扫描物体上清晰可见为最佳扫描距离,在亮度视口中保持十字图案清晰,确保在扫描中扫描仪不会移动。扫描合适距离为 290～480 mm。检查相机视口中的投影十字,调整扫描仪与物体距离直至十字位于相机视口中红色矩形框内。

如图 8-45 所示,在左相机视口中十字位于红色矩形框左侧,则表示距离太近;反之则距离过远。距离合适的情况下,十字位于红色矩形框内,如图 8-46 所示。

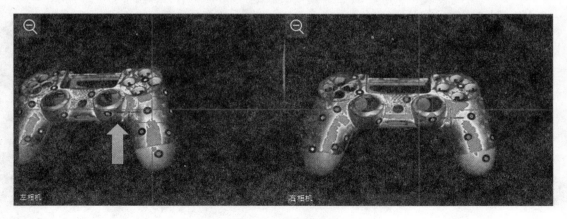

图 8-45　距离不合适

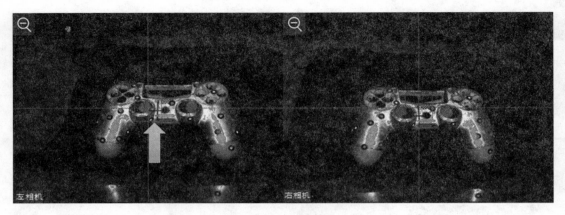

图 8-46　距离合适

4. 扫描流程

扫描界面如图 8-47 所示。

图 8-47　扫描界面

（1）扫描次数与拼接方式设置

扫描前，可以设置转台一圈扫描的次数（范围为 8°～180°），默认值为 8 次。勾选使用转台后，需要选择一种拼接方式，转台扫描一圈后可重新选择拼接方式。EinScan-SE 有两种拼接方式可供选择。当需要扫描的物体太大无法用转台编码点进行扫描且未粘贴标志点时，可选择转台拼接。当转台与扫描仪的相对位置与标定不一致时，可选择转台特征拼接（图 8-48）。

（2）扫 描 与 编 辑

单片扫描结束后可编辑数据，如对当前扫描数据不满意，或当前数据和已有数据没有足够的重叠区域，可删除当前扫描数据。通过工程列表可对所有已扫描的工程进行编辑、手动拼接、重命名、保存数据等操作（图 8-49）。

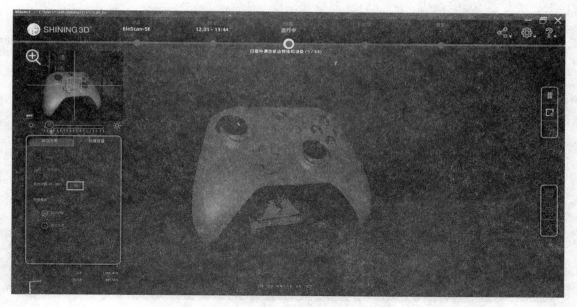

图 8-48　扫描次数与拼接方式设置

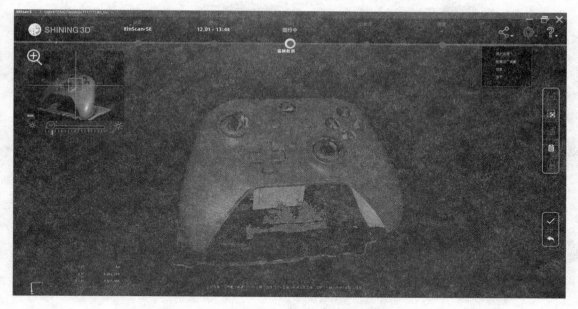

图 8-49　扫描与编辑

（3）后处理

结束扫描后，可以根据需要对采集的数据进行封装、网格编辑、数据简化、补洞、平滑、锐化、纹理融合等一系列后处理，最终得到三维数据模型（图 8-50）。此外，也可以将扫描获得的网格数据一键导入到 Geomagic Studio 和 Solid Edge 两款第三方逆向工程软件，进行后续的逆向设计。

119

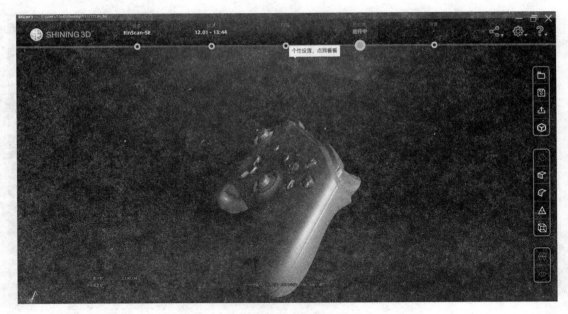

图 8-50 后处理

第六节 逆向工程软件

逆向工程软件主要用于处理、优化密集的扫描点云,生成更规则的模型数据点云。规则的点云数据可以用于 3D 打印成型,也可以用于构建 NURBS 曲面,输入到 CAD 软件进行后续结构和功能设计。目前主流的逆向工程软件有 Imageware、Geomagic Studio、Solid Edge、CopyCAD、RapidForm 等。

一、Geomagic Studio

Geomagic Studio 是著名的软件服务公司,旗下主要产品为 Geomagic Studio、Geomagic Qualify 和 Geomagic Piano,应用于众多工业领域,如汽车、航空、医疗设备等。其中,Geomagic Studio 软件是应用最广泛的逆向工程软件,能够实现点云数据到多边形网格、表面或 CAD 模型的转化(图 8-51)。

1. 应用领域

产品零部件的设计;艺术品及文物的复制与修复;人体骨骼及义肢的制造;特种设备的制造;体积及面积的计算。

2. 主要功能

点云数据预处理,包括去噪、采样等;点云数据转换为多边形;实现多边形补洞、边界修补、重叠三角形清理等;多边形转换为 NURBS 曲面;输出与 CAD/CAM/CAE 匹配的文件格式(IGES、STL、DXF 等)。

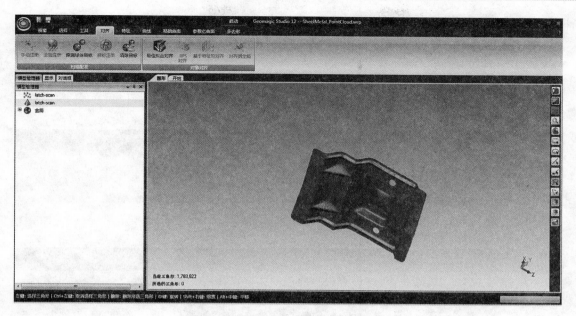

图 8-51　Geomagic Studio 软件界面

3. 软件优势

支持多种格式，可以导入/导出各种常用格式；兼容性强，支持所有主流三维扫描仪，可与 CAD、常规制图软件及快速制造系统配合使用；智能化程度高，对模型半成品曲线拟合更准确；处理复杂形状或自由曲面形状时，工作效率比传统 CAD 软件高；自动化和简化的工作流程可缩短培训时间；实现从点云数据获得完美的多边形或 NURBS 模型。

4. 逆向设计

Geomagic Studio 采用逆向设计原理，通过许多大小不一的空间三角形按特定规则拼接逼近拟合 CAD 实体模型，采用 NURBS 曲面片拟合出 NURBS 曲面模型，曲面重建策略如图 8-52 所示。

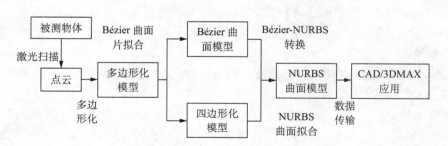

图 8-52　曲面重建策略

Geomagic Studio 软件建模的具体流程分为五个步骤：点云处理→多边形封装→多边形阶段→造型阶段→模型输出。

5. 基本模块

Geomagic Studio 主要包括以下基本模块：视窗模块、选择模块、工具模块、对齐模块、特征模块、点处理模块、多边形处理模块、参数化曲面模块等（图 8-53～图 8-56）。

图 8-53　视窗模块

图 8-54　工具模块

图 8-55　参数化曲面模块

图 8-56　多边形处理模块

二、Solid Edge

Solid Edge 是 Siemens PLM Software 公司旗下的三维计算机辅助软件,采用公司自主专利 Parasolid 作为软件核心,将常规的 CAD 系统与技术领先的实体造型引擎相结合,是基于 Windows 平台、功能强大且易用的三维 CAD 软件(图 8-57)。

1. 应用领域

正向设计与逆向设计相结合;智能钣金设计功能;复杂塑料件和铸件设计;产品有限元分析;装配设计管理。

2. 主要功能

处理基于网格或三角形的数据;移除特定的小平面或网格区域,填充孔洞及平滑化网格;实现多边形补洞、边界修补、重叠三角形清理等;可用于创建平面的三角形进行合理分组;包含所有的中间数据交换接口,如 IGES、STEP、STL 等,以及 Solid Edge、Solidworks、Pro/E、NX、Catia 等三维软件的数据接口。

3. 软件优势

软件可支持各种中间数据交换接口和三维软件数据接口格式;智能处理基于网格或三角形的数据;快速灵活地进行产品建模;内置有限元分析功能;有强大的装配管理功能。

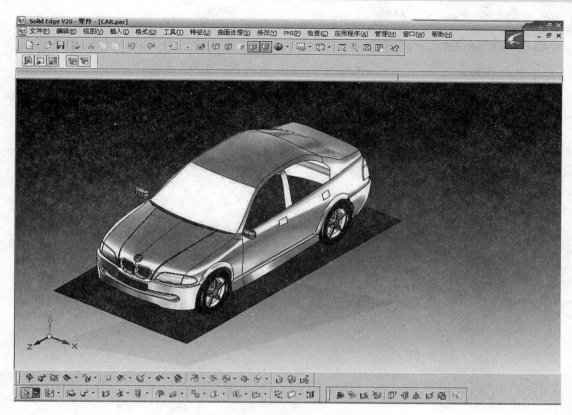

图 8-57　Solid Edge 软件界面

练习题

一、填空题

1. 常用的逆向测量方法大致可分为_____、_____ 两个类别,测量基本原理包括_____、_____、电等技术形式。

2. 非接触式测量法包含_____、_____、_____和_____四种方法。

3. 三维扫描仪以其测量_____、_____、_____、使用方便等技术优点而得到极大程度的应用。

4. 三维扫描设备可以分为_____、_____、_____和固定式。

5. Geomagic Studio 软件逆向建模的具体的流程分为_____、_____、多边形阶段、_____、_____等。

二、选择题

1. 扫描测量方法采用各种扫描式测量探头,常见的扫描设备不包括(　　)。

　　A. 坐标型测量仪　　　　　　　　　　B. 激光扫描仪

　　C. 零件断层扫描仪　　　　　　　　　D. 立体视觉测量仪

2. 以下不是 CT 扫描技术应用领域的是(　　)。

　　A. 医疗诊断　　　　B. 假体设计　　　　C. 工业检测　　　　D. 超声检测

3. Geomagic Studio 软件通常输出的文件格式是(　　)。

A. IGES   B. STEP   C. STL   D. DWG

4. Geomagic Studid 的主要功能不包括(   )。

    A. 点云数据预处理   B. 点云数据转换为多边形

    C. 点云数据拟合   D. 多边形转换为 NURBS 曲面

5. EinScan-SE 扫描获得的网格数据可以一键导入到第三方逆向工程软件(   )。

    A. 3DMAX   B. UG   C. Mesh Mixer   D. Solid Edge

三、简答题

1. 什么是逆向工程,它与正向建模有什么区别?

2. 举例说明逆向工程的应用领域。

3. 简述三维扫描过程中相机标定的步骤。

4. 简述 CT 扫描数据处理及 CAD 模型构造流程。

5. 简述 Geomagic Studio 的基本模块。

第九章　3D 打印新技术

3D 打印技术虽然具有技术含量高、成本低、生产周期短等特点,但存在成型精度低、制造时间长、成型材料少、材料性能局限等问题,一直亟待突破。各国不断进行 3D 打印技术的创新研究。有的针对传统 3D 打印技术进行改进升级,有的将多种传统 3D 打印技术进行整合优化,还有的结合 3D 打印技术和传统制造技术优点进行创新改良。3D 打印新技术正朝着提升制造速度、提高成型精度、丰富成型材料、拓宽应用领域等方向发展。

第一节　3D 打印新技术的典型应用

一、智能微铸锻技术应用

华中科技大学张海鸥教授及其团队采用自主研发的金属 3D 打印"智能微铸锻"技术,成功制造出应用于船舶、重工等国之重器的大型泵喷推进器桨叶,实现了复杂曲面构件增等减材一体化复合快速制造,解决了 3D 打印技术中大尺寸零件制造中的"卡脖难题"。

泵喷推进器主要应用于潜艇军事、船舶重工等领域,是船舶航行的重要动力装置。通过金属 3D 打印智能微铸锻技术制造成功的大型泵喷推进器桨叶通过验收与测试,制造周期相比于传统方式缩短了 2/3,构件的力学性能得到了大幅度提升,制造精度差由以前的 0.5 mm 提高到 0.1 mm,没有检测到铸造缺陷如气孔、裂纹等。金属 3D 打印智能微铸锻不仅实现了大型泵喷推进器桨叶绿色高效的短制造流程,还显著提高了材料的疲劳寿命和可靠性,为船舶航行提供了更强劲、稳定的动力(图 9-1)。

图 9-1　泵喷推进器

中国宝武钢铁集团有限公司成功将金属 3D 打印智能微铸锻技术应用于高炉风口制造,使得风口耐磨性大幅提高,抗热震性能远优于传统等离子喷涂工艺,风口使用寿命较传统方法提高 5 倍以上,新型梯度功能复合材料"高炉风口"的使用寿命长,大大减少了停炉更换风口的时间,极大提高了设备的利用率和生产效率,经济效益显著(图 9-2)。

金属 3D 打印智能微铸锻技术相继成功应用于大型泵

图 9-2　高炉风口

喷推进器桨叶、新型高炉风口等大型复杂零件及高端材料制造中,充分证明了该技术的巨大市场潜力和广泛应用前景,目前已经应用于我国航空航天、海工舰船、核能电力、石化冶金、铁路交通、武器装备等诸多领域的各类复杂高端零件的快速低成本超短流程绿色制造(图9-3)。

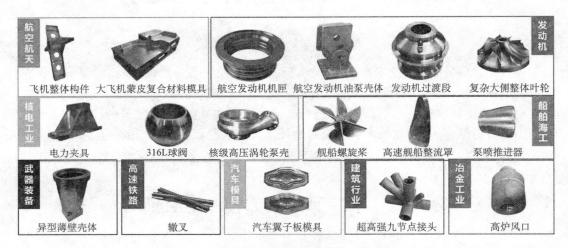

图 9-3　智能微铸锻技术应用领域

二、玻璃 3D 打印技术应用

玻璃 3D 打印技术(G3DP)可以严格控制杂质,不会破坏结晶过程,能够保证结构强度,确保成型的透明玻璃结构可用于建筑或装饰,未来可以应用于光纤制造技术,生产品质高、成本低的高性价比光纤。

G3DP 产品成型精度高,形状非常圆润,可以满足高品质玻璃制品性能要求和个性化定制设计需求。如图 9-4 所示,采用 G3DP 打印的一系列玻璃艺术品,可以用作灯光、装饰、美化环境等。

米兰设计周期间展出的一组充满创意、功能丰富的玻璃灯柱也是 G3DP 打印作品,如图 9-5 所示。G3DP 技术优化了 3D 打印玻璃的几何复杂性、强度、精度和透明性,因此,G3DP 技术具有在建筑、装饰、设计等领域的巨大应用潜力。

图 9-4　G3DP 玻璃艺术品

图 9-5　米兰设计周 G3DP 玻璃灯

三、生物3D打印技术应用

生物3D打印技术是一种用于打印生物材料和细胞以形成类组织产品的技术，打印过程中用到的细胞和生物材料被称为"生物墨水"，可以打印出能够模仿复杂生物结构的组织。生物3D打印技术在制造复杂的人工组织如心脏、肝和肺方面已取得惊人的进展，为医学界突破性进展带来了全新的希望。

卡内基梅隆大学生物医学工程系Feinberg实验室的研究人员采用生物3D打印技术打印了一种心脏模型（图9-6），利用自由形态可逆嵌入悬浮水凝胶（FRESH）生物打印技术制成的大型生物打印心脏组织构造，能够模仿心脏组织的真实手感、弹性和力学性能，而且足够耐用，可以进行处理、缝合和灌注，是手术模拟和专业训练的理想工具。

澳大利亚默多克儿童研究所的研究人员生物打印出微型人类肾脏，为肾衰竭的新疗法和实验室移植奠定了基础。研究显示，干细胞的生物3D打印能够打印出移植所需的肾脏组织片，用于筛查易对人造成肾脏损害的药物毒性（图9-7）。生物3D打印技术可以在十分钟内打印出大约200个迷你肾脏，且不影响肾脏成品的质量。

图9-6　生物3D打印心脏

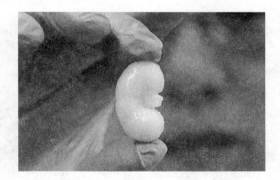
图9-7　生物3D打印肾脏

四、液态金属悬浮3D打印技术应用

液态金属悬浮3D打印技术可以将任何常温液体材料打印成具有任意复杂三维结构的柔性、可变形的固体形状，可以用于功能性电子器件的制造。液态金属悬浮3D打印技术未来可应用于柔性立体电路打印、电子逻辑单元制造、软体机器人制造、多材料包装、生物医学等诸多领域。图9-8所示为液态金属悬浮3D打印技术打印的十二生肖兽首。这项技术还可以打印任意形状、功能丰富的发光电路，如图9-9所示。

图9-8　液态金属悬浮3D打印兽首

图 9-9　液态金属悬浮 3D 打印发光电路

第二节　3D 打印新技术的工艺原理

一、智能微铸锻技术

传统机械加工制造过程中,浇铸后的金属材料不能直接加工成高性能零部件,必须通过锻造改进内部组织结构以解决成型问题。但是,由于对超大锻机的过度依赖,传统机械加工制造过程存在投资大、成本高、制造流程长、能耗大、污染严重等问题。传统金属 3D 打印技术可以解决传统制造业部分问题,但存在如下缺陷:①未锻造,金属抗疲劳能力严重不足;②产品性能不高;③有气孔和未融合部位;④成本高,大部分设备采用激光和电子束作为热源(图 9-10)。

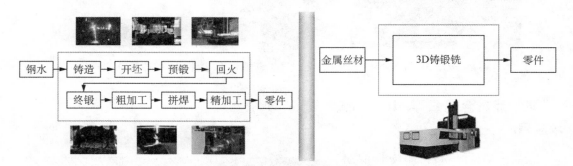

图 9-10　传统机械加工制造与智能微铸锻制造流程对比

华中科技大学张海鸥团队研发的金属 3D 打印技术智能微铸锻,将锻造技术与金属 3D 打印技术相结合,在世界范围内首次实现了铸造与锻造一体化。智能微铸锻技术可以打印高性能的金属锻件,突破了金属 3D 打印行业的技术瓶颈。智能微铸锻打印过程中,将金属铸造、锻造和铣削技术融为一体,实现了铸造和锻造的等轴精细结晶,大大提高了零件的强度和韧性;制造过程中的复合铣削,降低了加工难度;通过计算机直接控制铸造锻件铣削路径,降低了设备投资和运行成本。智能微铸锻技术的短流程、绿色制造过程,突破性地改进传统制造技术,一台设备替代了原有的多工序、长流程和多台大型设备。

智能微铸锻技术中的铸造过程,不是传统意义上将金属加热熔化,充满型腔后冷却成型的过程,而是熔丝成型过程即增材制造过程。以电弧为热源逐层沉积丝材,同时实施外加机

128

械力完成"熔融+锻造"过程。

智能微铸锻技术在半熔融区布置微型轧辊或挤压锻造装置,微型轧辊或挤压锻造装置随着熔化成型区域的改变同步移动,从而实现对半熔融沉积层沿熔积方向锻、轧过程。微型轧辊或挤压锻造装置可以安装于熔融沉积热源后方,或者直接固定于焊枪头上与热源同步移动,如图 9-11 所示。

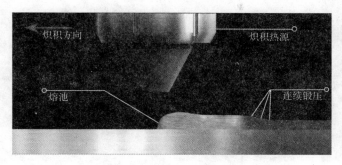

图 9-11　智能微铸锻技术工艺示意

智能微铸锻技术目前可以打印飞机用钛合金、深海车辆用钛合金、核电用钢材等 8 种金属材料,可以制造超高强度和韧性的大型高可靠性金属锻件,在航空航天、核电、船舶、高速铁路和其他关键领域有广阔的应用前景。

二、玻璃 3D 打印技术(G3DP)

传统玻璃制造工艺包括塑模、成型、吹制、电镀或烧结等环节,最终产品质量与制造技术水平密切相关。从古埃及玻璃砂芯工艺,到罗马时代金属管吹制工艺,再到能够生产大规模平板玻璃的皮尔金顿浮法,玻璃制造技术的每次突破都是长期实验和创新的结果。

麻省理工学院玻璃实验室研究小组发明了一种精密玻璃的先进 3D 打印技术,称为 G3DP 技术,它融合了当今尖端科技与传统玻璃制造工艺的全新技术,能够通过对打印厚度的精确控制定制光线的穿透率、反射率和折射率等,打印出具有非常复杂的几何形状结构(图 9-12)。

图 9-12　G3DP 成型工艺

G3DP 设备的主体结构是双层加热室,上层作为熔窑室,下层用于退火。首先,将玻璃放进打印机上层的熔窑室加热到大约 1 038 ℃高温促使玻璃熔化。然后,熔融玻璃通过漏斗流入下层氧化铝、锆石、硅制成的喷嘴,类似 FDM 工艺中的喷嘴。最后,熔融玻璃通过喷嘴挤出在成型平台上,逐渐冷却变硬成型。打印成型过程中,如果要停止打印,只需用压缩空气降低喷嘴的温度(图 9-13)。

G3DP 是计算机技术、材料技术和设计科学的完美结合,它打印精度高,产品形状圆润、剔透明亮、色彩鲜艳,还能产生奇特的光影效果。G3DP 技术在玻璃制造技术历史上有里程碑意义(图 9-14)。

图 9-13　G3DP 成型设备

图 9-14　G3DP 制品

三、生物 3D 打印技术

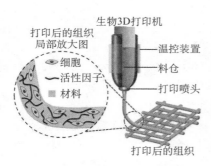

图 9-15　生物 3D 打印原理

生物 3D 打印技术就是将人造组织或生物器官三维图像化,然后利用计算机辅助设计三维模型,并对三维模型进行分层处理,采用活性材料(如生物材料、生长因子、细胞等)进行 3D 打印,最终制造出具备生物功能的人造组织或器官(图 9-15)。生物 3D 打印技术具有快速、准确及擅长构造复杂组织等特点,已经成为再生医学领域最有价值的研究热点之一,将逐步被推广应用于药物测试、器官移植及整容手术等领域。

特拉维夫大学的研究人员使用患者自己的细胞和生物材料打印了世界上第一个血管化心脏,这是世界上首次成功地设计和打印了充满细胞、血管、心室的完整心脏。研究团队从患者身体取出一份脂肪样本,然后将脂肪分离成细胞和非细胞材料。细胞被编程为多能干细胞(一类具有自我更新、自我复制能力的多潜能细胞,能分化成任何类型的体细胞),而非细胞材料(主要由胶原蛋白和糖蛋白组成)被制成水凝胶,相当于印刷的“墨水”。细胞与水凝胶混合后被分化成心脏或内皮细胞(后者是排列血管内表面的细胞),随后生物 3D 打印机逐层构建生物组织,产生与患者特异性免疫相容的心脏贴片,通过 CT 扫描技术打印心脏形状、血管结构,最后打印出充满细胞、血管、心室的完整心脏(图 9-16)。

图 9-16　首个血管化心脏

美国韦克福雷斯特大学再生医学学院的研究团队开

发了一套集成组织和器官的生物打印系统,以含有活跃的人体细胞或动物细胞的水基凝胶结合生物可降解高分子材料作为打印材料,能够形成稳定的人工器官结构。该系统可以在人工器官中打印出维持生物学功能的血管,以获取氧气和营养物质,从而确保器官移植后顺利存活(图9-17和图9-18)。

图 9-17 生物 3D 打印器官

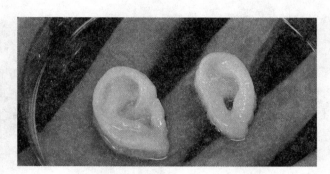
图 9-18 生物 3D 打印耳朵

杭州电子科技大学徐铭恩教授研制的国内首台生物 3D 打印机成功打印出人体肝脏单位和脂肪组织,细胞存活率达90%。该研究团队打印的肝脏单位、脂肪和肿瘤组织在体外药物筛选和临床前试验中具有良好的应用前景。

清华大学生物制造中心利用生物 3D 打印在制造科学、材料科学、信息科学等与生命科学的交叉前沿技术,力图在仿生生命体构建、组织工程与再生医学、体外生命系统制造等领域取得突破,探索细胞 3D 打印所面临的材料学、生物学、制造学等诸多挑战,研发新型生物墨水、细胞 3D 打印工艺和设备,特别是研发胚胎干细胞、全能干细胞的 3D 打印技术,并构建包括心肌/心脏、肝脏、胰腺、子宫、肺等大型功能性组织及器官,探索生物制造在生物医疗、精准医学相关领域的临床前应用。

四、悬浮 3D 打印技术

悬浮 3D 打印技术是在传统挤出打印的基础上增加了悬浮介质,喷头在悬浮介质中打印。悬浮介质在没有施加外力或施加很小外力时表现出固体的特性,从而实现打印结构的自支撑;当打印喷嘴运动时,产生的屈服应力引发悬浮介质的流动,表现出液体的特性;在打印喷嘴经过后,悬浮介质的自愈性能够自发恢复微观结构以实现打印成型。因此,打印是否成功跟悬浮介质的特性有着很大的关系,悬浮 3D 打印技术按悬浮介质分类,可分为以下几种:

1. 磁悬浮 3D 打印技术

波音公司研发了一种可以在空中打印的磁悬浮 3D 打印技术。打印过程中,成型材料在磁场的作用下悬浮在空中,周围由多台 3D 打印机组成打印系统,多个打印喷头围成一圈,向其任意位置堆叠材料实现逐层沉积,可以进行 360°无死角的三维打印成型(图9-19)。

图 9-19 磁悬浮 3D 打印

悬浮 3D 打印系统不像传统 3D 打印机那样需要一个实体成型平台，而是通过一种磁场来支撑最初的 3D 打印材料，多台 3D 打印机在此基础上进行全方位构建模型（图 9-20）。该技术完全不受形状、结构限制，能够打印任意复杂零件，可以将材料沉积在成型对象的任意位置，而传统 3D 打印机只能进行自上而下的打印。此外，使用多台 3D 打印机同时打印，可以大大提升成型速度。

2. 超声波悬浮 3D 打印

俄罗斯物理学家研发了一种全新超声波悬浮 3D 打印技术，使用一个充满超声波吸收器和发射器的消声室，产生的 40 kHz 超声波能够将空气中泡沫塑料颗粒悬浮，通过调节功率可以增加颗粒的数量和大小，同时可以将悬浮颗粒从一边向另一边移动（图 9-21）。该技术可应用于打印化学腐蚀溶液和物质，能够在半空中安全地控制和组织悬浮颗粒，使其在进入声场和沉降的过程中进行重新排列，沿着所需的轨迹沉降形成预期的图形，不断逐层叠加，颗粒能以任何形状沉积成型。

图 9-20　全方位 3D 打印

图 9-21　超声波悬浮 3D 打印

3. 液态金属悬浮 3D 打印

这种技术最早由中国科学院理化研究所低温生物与医学实验室提出，技术原理是在室温下快速制造任意复杂形状和结构的柔性金属变形体，可用于装配三维可扩展电子器件。

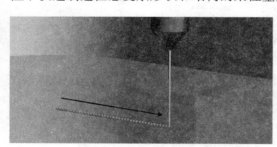

图 9-22　液态金属悬浮 3D 打印

液态金属悬浮 3D 打印技术以计算机三维设计模型为基础，以镓铟液态金属合金材料为打印油墨，以可在液态和固态之间自由转换的自回收水凝胶为支撑材料（图 9-22）。系统通过软件分层离散数字化控制成型系统，使打印喷头在凝胶支撑环境中按预先设定的路径自由往复运动，连续挤压室温液态金属。凝胶材料用来支持和实现液态金属的形状，通过叠加形成复杂的宏观三维结构。

打印成型过程中，在喷嘴的挤压下凝胶材料部分液化，喷嘴可以很容易地插入到凝胶中自由移动。当喷嘴经过时，液化凝胶会迅速凝固并恢复稳定形状。常温液态金属通过打印喷嘴连续挤出，较高的表面张力使挤压出的液态金属以球状液滴的形式悬浮在喷嘴顶部。随着喷嘴与凝胶的相对运动，挤压出的金属液滴收缩并最终与喷嘴断开，被支撑凝胶包裹固定，在打印喷嘴的路径上留下一系列独立的液态金属微球，在凝胶支撑环境下，液态金属微球在室温下叠加形成宏观三维结构。

该技术的优点包括：可以形成任意复杂形状的三维结构；可以实现打印、包装一体；可在室温下制造金属部件；可实现三维柔性电路打印（图9-23）；打印速度快、成型周期短。

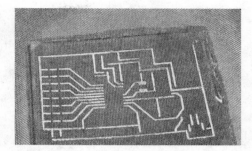

图9-23 液态金属悬浮3D打印电路

五、油墨金属3D打印技术

目前，主流的金属3D打印技术大都采用昂贵的激光源或电子束发射源，发射高能激光或电子束，针对大型金属粉末床进行扫描，实现金属粉末的熔化、黏合、冷却、逐层打印成型。但是，由于受金属及其合金打印材料的性能限制，某些复杂或特殊结构难以打印出来。

美国西北大学研究团队研发出一种新型金属3D打印方法，称为油墨金属3D打印技术，完全颠覆了已有的金属3D打印。该技术不需要铺粉平台和激光源，只需特殊的液体油墨和普通的加热炉就能进行打印。油墨金属3D打印技术将打印成型过程分为结构成型和加热烧结两个步骤。

第一步结构成型类似于FDM工艺，首先制备一种由金属粉末或金属粉末混合物、溶剂，以及一种弹性体黏结剂组成的液体油墨。在室温下，采用一种简单的注射-挤出工艺，将液体油墨从喷嘴中挤出，就能快速打印出密集的粉末结构。喷嘴挤出的液体油墨能够立即固化，并与已经固化成型的结构相融合，从而快速打印出三维实体。

第二步加热烧结则是将已经成型的三维结构放置于一个普通的熔炉里进行加热烧结，金属粉末经过加热将会牢固地黏合。熔炉加热能够确保三维实体受热均匀和结构致密，不会产生局部变形、开裂等现象（图9-24）。

油墨金属3D打印技术能够打印多种金属材料，包括金属混合物、合金、金属氧化物等，可用于打印普通电池、固态氧化物燃料电池（图9-25）、医疗植入物、大型机械零部件等。

图9-24 油墨金属3D打印零件

图9-25 油墨金属3D打印燃料电池模块

六、连续液态界面技术

著名的Carbon3D公司自主开发了连续液态界面（Countinuous Liquid Interface Production，简称CLIP）3D打印技术，它利用一层透氧膜隔离光敏树脂液体和空气中的氧气，实现高速、连续的3D打印成型（图9-26）。

CLIP 技术基于传统的 SLA 技术，利用丙烯酸酯的氧阻聚效应，使用一种透明透气的特氟龙膜作为树脂槽底部，供光线和氧气通过。由于氧阻聚效应作用，进入树脂槽的氧气会抑制离底部最近的一部分树脂固化，形成几十微米厚的"固化死区"（Dead Zone）。同时，紫外光会固化"死区"上方的光敏树脂，避免已固化成型件与树脂槽底部粘连，打印时无需缓慢剥离，从而实现全程固化的高速连续性，达到比普通光固化快 25 倍到 100 倍的打印速度（图 9-27）。

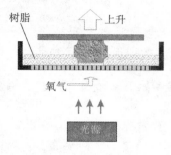

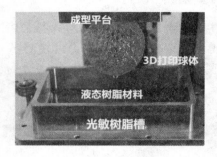

图 9-26　CLIP 工艺原理　　　　图 9-27　CLIP 技术成型件

CLIP 技术与其他 3D 打印技术进行对比，有以下优点：

（1）CLIP 可提升 25 至 100 倍的打印速度，打印时间对比如图 9-28 所示，CLIP 只花 6.5 min，而 SLA 耗时 11.5 h。

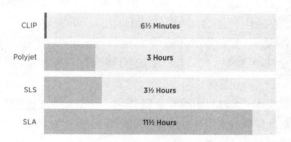

图 9-28　各种 3D 打印技术的打印时间对比

（2）CLIP 打印精度较高，如图 9-29 所示，右边为传统 3D 打印技术。

图 9-29　打印精度对比

（3）CLIP 技术支持广泛的聚合物材料，塑料、弹性体和橡胶等均可以作为原材料，可生产运动鞋、汽车垫圈、电子设备零部件等。

第三节　3D 打印新技术典型设备

一、微铸锻铣复合增材制造专用设备 TY2000AL-ZDX-03

微铸锻铣复合增材制造专用设备 TY2000AL-ZDX-03,在熔积成型过程中对熔积工艺参数、熔积层表面形貌、制件冶金质量进行在线实时检测,对于在增材成型过程中产生的表面裂纹、未融合、气孔、夹渣等缺陷进行无损检测,采用多种无损探伤集成装置,判定缺陷的大小、位置、性质和数量。采用快扫红外热像仪测量成型件的温度场和热循环曲线、视觉成像分析诊断系统,监测电弧弧柱特征和熔池形态(图 9-30)。

该设备集成电弧/等离子弧快速成型、柔性微型轧制、数控加工、惰性气氛保护等多种技术于一体的复合金属增材制造装备,适用于制造航空航天、武器装备、船舶海工领域的钛合金、高温合金、铝合金、不锈钢等大型结构件的制造(图 9-31)。

图 9-30　微铸锻铣专用设备 TY2000AL-ZDX-03

图 9-31　微铸锻铣超高强九节点

二、玻璃 3D 打印系统 G3DP2

麻省理工学院推出玻璃 3D 打印系统 G3DP2,是透明玻璃增材制造工艺平台 G3DP 的升级版。该系统进一步完善熔融玻璃 3D 打印工艺,是将数字化集成的三区热控制系统与四轴运动控制系统相结合的新型熔融玻璃增材制造平台,可确保产品精度及生产可重复性,大幅提升生产率与可靠性,具备工业级生产能力(图 9-32)。

G3DP2 系统采用 80/20 铝材和方钢管制成框架,由一个封闭的加热箱和一个热控制的二次箱组成。加热箱的功能是容纳熔融玻璃,二次箱的功能是实现玻璃转化为三维实体(图 9-33)。

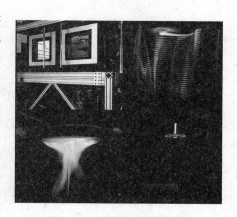

图 9-32　G3DP2 熔融玻璃

图 9-33　G3DP2 系统设备结构

图 9-34　XJet Carmel 1400 M 设备

三、Xjet 纳米粒喷射金属 3D 打印机 Carmel 1400 M

以色列公司 Xjet 推出基于其自主专利纳米粒喷射（Nano Particle Jetting，NPJ）金属 3D 打印技术的 XJet Carmel 1400 M（图 9-34），使用不同的纳米颗粒墨水分别打印目标对象和支撑结构，最大成型尺寸为 500 mm×280 mm×200 mm，最小打印层厚可以达到几微米（图 9-35），操作十分简单，还可以通过 APP 远程控制和监视。

图 9-35　XJet Carmel 1400 M 超薄打印层（2 μm）

XJet Carmel 1400 M 采用 NPJ 3D 打印技术，具体流程如下：

（1）彻底粉碎。先将大分子金属颗粒粉碎成纳米级颗粒。

（2）注入墨水。液态金属材料由纳米级金属颗粒和特殊黏合墨水两部分组成。粉碎后的金属颗粒会注入 XJet 研发的黏合墨水中，金属不会在墨水中熔化，而是形成悬浮物充满整个腔体。

（3）挤出液态混合物，逐层固化成型打印零部件。

XJet Carmel 1400 M 系统采用纳米液态金属，打印速度比普通激光打印快 5 倍，具有超高精度和表面质量，适用于保健和医疗器械、牙科、汽车、航空航天、消费品、珠宝和服饰、能源、工装等领域，能够实现短期制造。

四、生物 3D 打印机 R-GEN 系列

瑞士生物医学公司 REGENHU 推出全新一代 3D 生物打印系统 R-GEN 系列，在人机工程学、质量、友好性和性能方面均非常有竞争优势。REGENHU 提供了两个版本，即台式 3D 生物打印机 R-GEN 100（图 9-36）和 3D 生物打印站 R-GEN 200（图 9-37）。每台 R-GEN 生物打印机都经过专门配置，可以满足用户定制需求，将喷射、分配及电纺和书写技术（允许创建微纤维和纳米纤维）与各种辅助工艺选项相结合，以构建简单或复杂的充满细胞的结构。

R-GEN 100的重量为160 kg,占地不到1 m²,最多可容纳5个打印工具,具有独立的温度控制能力。设备包括真空样品安装系统、四个不同的打印工作区,并可选择温度控制、针和基材校准系统,以及用于过程中材料交联的光固化,甚至可以实时调整参数。

R-GEN 200具有类似的功能,重量为600 kg,占据了更大的工作空间,并配备了一台计算机、一个II型生物安全外壳、内置防震系统、一个紫外线杀菌灯和一个可配置的工作台。

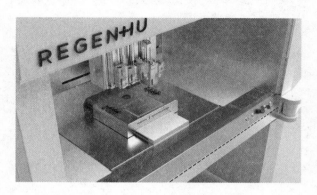

图9-36 台式3D生物打印机R-GEN 100

图9-37 3D生物打印站R-GEN 200

系统均采用全新生物打印管理软件SHAPER,这些平台的设计涵盖了整个生物制造过程,包括对生物打印参数的监控和全面、实时的调整,以更简单、更高效的方式确保打印质量和可重复性水平。R-GEN系列可以提供复杂的设计架构,应用从皮肤、骨骼和软骨等工程组织到药物发现,以及实现个性化的药物化合物生产。

练习题

一、选择题

1. 以下哪种3D打印技术可用于打印泵喷推进器(　　)?
   A. 液态金属悬浮3D打印　　　　　　　　B. 油墨金属3D打印技术
   C. G3DP技术　　　　　　　　　　　　　D. 智能微铸锻技术

2. 以下哪种3D打印工艺与CLIP工艺原理相似(　　)?
   A. SLA　　　　　　B. SLS　　　　　　C. FDM　　　　　　D. G3DP

3. 以下3D打印技术设备中,不需要激光或电子束的是(　　)。
   A. SLA　　　　　　B. SLS　　　　　　C. FDM　　　　　　D. CLIP

4. G3DP技术无法在(　　)领域推广应用。
   A. 建筑　　　　　　B. 工具　　　　　　C. 装饰　　　　　　D. 设计

5. 生物3D打印技术利用计算机辅助设计三维模型并分层处理,加工活性材料,最终制造出具备生物功能的人造组织或器官。以下无法用于生物3D打印的活性材料是(　　)。
   A. 组织　　　　　　B. 生长因子　　　　　　C. 血液　　　　　　D. 细胞

二、填空题

1. G3DP设备的主体结构是双层加热室,上层用于_____,下层用于_____。

2. 按悬浮介质分类,悬浮3D打印技术可分为_____、_____和_____。

3. XJet Carmel 1 400 M 采用 NPJ 3D 打印技术的具体流程包括_____、_____、和_____。

4. G3DP2 系统的加热箱的功能是_____,二次箱的功能是_____。

5. CLIP 技术由于氧阻聚效应作用,进入树脂槽的氧气会抑制离底部最近的一部分树脂固化,形成几十微米厚的_____。

三、简答题

1. 简述 CLIP 工艺的技术优点。

2. 简述智能微铸锻技术的应用领域。

3. 简述生物 3D 打印技术的基本原理。

4. 对比分析几类悬浮 3D 打印技术的异同点。

5. 试分析与展望生物 3D 打印技术的发展前景。

第十章 4D 打印技术

第一节 4D 打印技术概述

随着打印材料多样化，价格持续下降，软硬件优化升级，3D 打印技术快速发展，逐步应用于生物医疗、文化创意、航空航天、建筑工程等领域，为 4D 打印技术的出现奠定了技术基础。2013 年，麻省理工学院斯凯拉·蒂比茨（Skylar Tibbits）通过 TED 演讲展示了一条线状打印体，由可延展材料和不可延展材料混合打印而成，打印体放入水中后慢慢扭曲变形，最终形成"MIT"字样（图 10-1）。该线状打印体由两种不同孔隙率和吸水性的材料组合而成，通过设计软件加入复杂的预期成型算法，使得打印体能够遇水按照设计算法发生形变，最终形成预期设计的结构。自首次提出 4D 打印概念以来，4D 打印技术引起了制造、材料、设计等各领域关注与重视，越来越多的专家学者开始进行相关技术研究。

4D 打印技术是融合智能材料、3D 打印和创新设计的跨学科技术，4D 打印产品是一种动态结构，这是与 3D 打印产品静态结构的最大区别。4D 打印是智能材料的增材制造技术，第四维度赋予了设计生命力，智能材料具有环境敏感性，包括复合材料、合金、聚合物、特种陶瓷等。材料性能可通过软件编程进行设计实现，成型模型的结构能够响应外部环境刺激（如磁场、温度、光线、声音、电流等），按照模型预期设计进行自我组装、自我分解、自我修复等，改变形状或功能，成型结构呈现出良好的动态性、可预测性和可编程性（图 10-2）。

图 10-1 线状打印体形成"MIT"

图 10-2 特定温度下变形抓取零件

第二节 4D 打印与 3D 打印的区别

3D 打印为快速成型技术，是以三维数据模型为基础，采用线材、板材、粉材等各种原材料,通过逐层叠加的方式实现实体模型构造的技术。4D打印是基于3D打印的智能材料的增材制造技术,将设计编程置入智能材料中,通过3D打印构造实体模型,在时间的维度上或外界激励或刺激的触发下,实现自我驱动、自我组装、自我修复的技术。因此,3D打印和4D打印都是增材制造技术,并且4D打印技术以3D打印技术为基础,两者既有紧密的联系,又有明显的区别。两者的主要区别在打印方式、打印材料和打印产品上。

1. 打印材料的区别

根据不同打印工艺的成型特点,3D打印材料通常对耐热性、灵活性、稳定性、敏感性等有具体要求,主要包括工程塑料、光敏树脂、橡胶类材料、金属材料和陶瓷材料等。3D打印材料形态为粉末状、丝状、层片状、液体状等。

4D打印采用的智能材料结构(又称机敏结构),泛指将驱动元件、传感元件及其信号处理与控制机制集成于材料结构中,通过磁场、温度、光线、声音、电流等外部环境激励和控制,呈现出具有承受载荷及识别、分析、处理及控制等多种功能,并且能进行自学习、自适应、自诊断、自修复的材料,主要包括形状记忆聚合物(SMP)、形状记忆合金(SMA)、形状记忆水凝胶(SMH)、形状记忆复合材料(SMC)、形状记忆陶瓷(SMC)等。

2. 打印方式的区别

3D打印技术也称为增材制造、快速成型、快速制造等,是以三维CAD设计数据为基础,将材料(包括液态材料、粉材、线材或块材等)一层层叠加起来成为实体结构的制造方法。3D打印过程包括三维建模、模型数据处理、实体模型成型等步骤,完成实体模型后,整个打印流程就完成了。完成实体模型后,还将按照预期的设计实现自我变形、自我组装。因此,4D打印与3D打印本质的区别是4D打印产品的动态结构特征与3D打印产品的静态结构特征(图10-3)。

图10-3　4D打印产品的动态结构特征

3. 打印产品的区别

3D打印模型如果存在缺陷或不足,则需要修改和处理模型数据后进行重新打印,反复修改和打印以达到设计要求。4D打印模型只需在进行软件设计编程时植入待修改命令,能够确保打印出来的模型按照设计者的思维进行完善。3D打印的零部件产品跟传统制造业一样,需要按照设定工序进行组装,还需耗费时间、人力或物力。4D打印的零部件产品软件设计编程时植入组装命令,能够确保打印出来的模型按照预设的顺序实现自我组装。

第三节 4D打印实现要素

4D打印的实现要素包括打印设备、激励或刺激、智能材料、相互作用机制等。

1. 打印设备

4D打印结构是通过将多种材料以适当的分布组合到单个一次性打印结构中创建的。材料性能不同,如膨胀率和热膨胀系数,将导致打印结构在外部激励作用下发生所需的形状转换行为。因此,4D打印对于制造具有简单几何形状的多材料结构是必需的。

可用于4D打印的3D打印设备包括基于材料喷射技术的FDM打印机、基于光聚合技术的SLA打印机、基于粉末融合技术的SLS和SLM打印机等。

2. 激励或刺激

激励或刺激是用来触发4D打印结构发生形状/特性/功能变化的外部驱动。到目前为止,研究人员在4D打印中使用的激励包括磁场、温度、光线、声音、电流等(图10-4)。激励的选择取决于具体的应用要求,也决定了4D打印中使用的智能材料类型。

25 ℃   60 ℃   100 ℃

图 10-4 温度激励

3. 智能材料

激励响应材料是4D打印中最关键的组成部分,具有自我感知、决策制定、反应性、形状记忆、自适应性、多功能性和自我修复等特性。智能材料结构是一门前沿交叉学科,涉及多种学科领域,包括材料学、化学、物理学、力学、生物学、电子学、控制科学等。智能材料适用于4D打印的两个基本性能要求是可打印性和智能性。可打印性是智能材料能够实现4D打印成型结构的基础,智能性主要包括自响应、自驱动、自感知等性能(图10-5)。

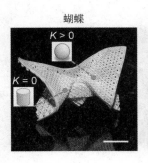

图 10-5 激励响应智能材料

4. 相互作用机制

在某些情况下,通过简单地将智能材料暴露于激励,不能直接实现 4D 打印结构所需的形状。激励需要在适当的时间内以一定的顺序使用,这被称为相互作用机制。以约束热机制为例,激励是热量,智能材料具有形状记忆效应。约束热机制的实现主要包括四步:第一步,结构在高温下受到外部载荷作用而变形;第二步,在维持外部负载的同时降低温度;第三步,结构在低温下卸载并达到所需的形状;第四步,可以通过重新加热结构来恢复原始形状。

第四节　4D 打印材料

打印材料是 3D 打印和 4D 打印相关研究的关键技术和重要关注点。20 世纪 80 年代末,美国和日本科学家率先将智能概念引入材料和结构领域,受自然界生物具备的某些特殊能力启发,提出了智能材料结构。

4D 打印智能材料可以分为形状改变材料(SCM)和形状记忆材料(SMM)两类。SCM 在外部触发(刺激)的作用下开启临时转换机制,当外部触发(刺激)移除时,转换后的结构便恢复其原始形状。SMM 能够适应触发的形状或临时形状,只有另外的触发(刺激)能够将其恢复至原始形状,并且智能材料能够追踪在触发作用下产生的转换路径。典型的形状记忆材料(SMM)主要有形状记忆聚合物(SMP)、形状记忆合金(SMA)、形状记忆水凝胶(SMH)、形状记忆复合材料(SMC)、形状记忆陶瓷(SMC)等。

1. 形状记忆聚合物(SMP)

SMP 是一组可以在外部触发(刺激)作用下保持临时形状,并能够恢复其初始形状的聚合物。SMP 具有相对高的模量和良好的刺激响应速度,是应用最广泛的活性材料。SMP 实现形状变化转移的形状记忆效应包括两个步骤:一是编程步骤,其中结构从其初始形状变形,然后保持亚稳态的临时形状;二是恢复步骤,在该步骤中可以响应适当的外界刺激以恢复原始形状。编程步骤中,SMP 在高于转变温度 T_t 的情况下发生变形,然后将其冷却至 T_t 以下,则模型结构以变形形状编程(或固定)。模型结构通过恢复步骤实现形状转变,恢复步骤中,SMP 被加热到高于 T_t 的温度,在熵弹性作用下模型结构恢复至初始形状。为了实现 SMP 在 4D 打印领域的应用,需要建立科学的设计模型合理描述其形状记忆行为(图 10-6)。

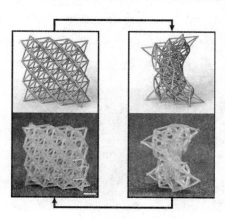

图 10-6　编程与恢复步骤

SMP 对环境(刺激)敏感,因为它们的形状记忆(SME)特征使尺寸可能发生变化,从而确保较低的成本(进料和加工)、重量因子、可用原料、转化温度边界和表面框架。它们为刺激下形状记忆的可逆性研究提供了空间,在 4D 打印材料研究中被广泛探索,得到了极大的利用,例如 PLA、PC、丙烯酸酯、ABS 或它们的混合物。根据诱导 SME 的刺激的类型,SMP 分为热响应、光响应、电响应和化学反应型 SMP;根据其刺激相应机制,可分为热致型 SMP、电致型 SMP、光致型 SMP、化学感应型 SMP 等。同时,SMP 是能够从稳定形状中"记忆"一个或多个临时形状的材料。根据记忆形状的数量，SMP 可以分为三大类：①具有一种稳定形状和一种临时形状的单向（或双向）SMP；②具有一种稳定形状的多向（n）SMP，并且有（$n-1$）种临时形状；③能够在临时形状之间进行可逆转换的双向 SMP。显然，多路和双向 SMP 在开发具有可编程和可逆响应的无束缚机器人系统方面具有巨大潜力。

2. 形状记忆水凝胶（SMH）

基于 SMP 的 4D 打印通过多种可逆形状转换的复杂功能，可响应温度而进行结构修改和恢复，然而，由于其在潮湿环境中的可持续性、刚性、材料渗透性和生物相容性所受到的限制，SMP 无法完全替代亲水性软材料。因此，近几年人们对有机械活性的自成型水凝胶（SMH）越来越感兴趣，SMH 经过所需的可编程 3D 形状转换可应用于软机器人执行机械任务。在软机器人中使用水凝胶系统具有设计简单、成本底、可以在低温和水性环境中加工以及可以模仿人类功能等明显优势。水凝胶是一种聚合物的自我适应性大分子互连网络，其功能是捕获和释放水（提供刺激），通过收缩和膨胀促进结构的转变（图 10-7）。

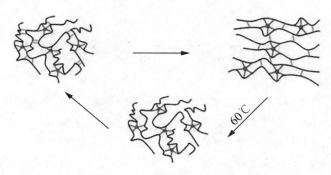

图 10-7 超分子形状记忆水凝胶

水凝胶材料具有快速、自主的自我修改和自我修复能力，可广泛用于从软机器人到组织工程的各种应用。基于 N 异丙基丙烯酰胺（NIPAM）的水凝胶是软致动器演示的最广泛使用的水凝胶，但是由于其机械强度低、响应和恢复过程较慢、自愈特性不足，在实际应用中受到了一定限制。将 3D 打印技术与形状记忆凝胶（SMG）的智能效应相结合，开发出一种在不影响每层功能的情况下，机械坚固、动作灵活的双层驱动器，能够实现有效的仿生驱动。

3. 形状记忆陶瓷（SMCrs）

陶瓷是刚性和硬质材料，能够在不利的环境下以极低的应变接受程度承受很高的工作温度。液体陶瓷悬浮液通过磁取，向官能化陶瓷的各向异性收缩或在热处理过程中，通过形状编程使用聚二甲基硅氧烷基纳米复合材料对陶瓷进行 4D 打印（图 10-8）。SMCrs 具有更高的驱动力应力和应变，比典型的形状记忆合金转变温度范围更宽。在当前可用的 SMCrs 中，基于氧化锆（ZrO_2）的陶瓷由于在可逆马氏体相变机理的机械热致动方面与 SMA 合金相似，因此受到了广泛的关注。一些其他的陶瓷，例如多铁钙钛矿，还通过可逆马氏体相变过程表现出形状记忆行为，其记忆行为由外部电场和热场触发。

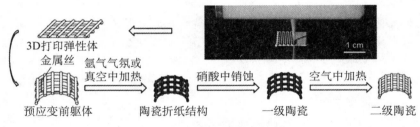

图 10-8　形状记忆陶瓷

4. 形状记忆复合材料(SMC)

SMC 是 SMM 的重叠区域,其中至少一个 SMM 属于复合材料中的单体基团,其中每个单体均有助于其最终设计。例如,SMA 和 SMP 显示出不同的形状恢复机制,并且由于其SME 特性而在许多领域进行了研究。但是,这些形状记忆材料存在一些不足,如 SMA 成本高、应变恢复力低等,所以很难单独使用 SMA 或 SMP,许多研究者将 SMA 和 SMP 结合制成 SMC。

第五节　4D 打印技术应用

4D 打印技术的出现使传统产品的制造发生了革命性的变化,所制作的产品功能已远远超出简单的结构和性能。4D 打印的实现不仅使宏观复杂的三维立体结构的成型成为可能,同时还赋予了这种结构先进的智能性,它能够主动改变自身的形状或功能以响应外界刺激。因此,4D 打印技术在诸多领域有广阔的应用前景,其中热门的应用领域包括智能器械、工业设计、智慧教育、生物医疗、航空航天、文艺娱乐等。

1. 工业设计领域

4D 打印将不再需要通过"定制"来实现个性化产品制作,而是完全能即时表达自己的想法并制作出来,且能随时更新自己的创意,从而用个性化元素构建自己的个性化生活,使得私人订制转向私人工厂,加快产品创新速度。美国麻省科技设计公司 Nervous System 制造出世界上第一款可以根据人体体型自动改变尺寸、裙面纹理的 4D 打印裙,在拉力的作用下,该布料纤维结构可随人体体态变化而变化。蒂比茨团队打印出了世界上第一双可以根据人脚的形状和大小自我调节的 4D 打印鞋,该技术已被阿迪达斯公司用于 Futurecraft4D 鞋款的制造(图 10-9)。在"互联网 +"时代背景下,数字文件可在保证质量不受影响的情况下无限复制,而 4D 打印可以将这种数字精度扩展到实体领域,从而保证实体产品精确地批量生产,降低不良率,提高生产效率。

图 10-9　4D 打印 Futurecraft4D 鞋款

2. 文艺娱乐领域

4D打印技术的应用从纯工程学和医学应用领域已延展到了纺织和时装行业（图10-10）。通过4D打印的文创产品，除了产品本身的功能外，它的形状记忆效应能增添产品的故事性，寓教于乐，大大提高了学生学习文化知识的兴趣。当4D打印与VR、AR等增强技术相结合时，就会给用户带来更加沉浸式的体验服务。由此可见，4D打印新技术在文艺娱乐方面的应用开发具有广阔市场前景。

3. 生物医疗领域

随着现代医疗技术的进步，对个性化治疗方案和医疗设备的需求，使得4D打印在生物医学应用领域有着巨大的发展潜力。目前，4D打印技术在医疗器械、组织工程、药物释放等领域取得了一定的进展（图10-11）。

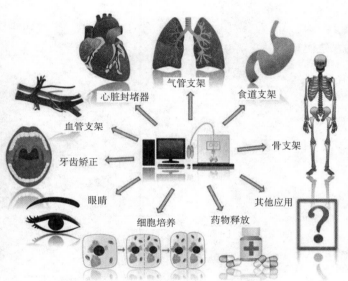

图 10-10　4D打印时装　　　　　图 10-11　4D打印生物医疗应用

4D打印技术在人体植入物方面的医疗产品生产有很大的应用前景，如纳米机器人、器官支架等。利用4D打印技术打印的生物纳米机器人，凭借其自主装和形变能力，可以进入非常微小的空间工作，如将药物直接带进人体内开展治疗，或对癌细胞进行外科手术等。对于器官支架技术相对成熟的医疗领域而言，传统的心脏支架多为记忆金属材料制成，无法降解，而利用4D打印制造生物心脏支架，因其材料的生物相容性、可降解性和材料自身的记忆功能，可以完美地解决这些问题。

心血管支架是用于扩张血管的重要医疗器械，要求支架具有复杂精密的几何形状和超高的分辨率。传统的支架成型工艺十分复杂且耗时，而4D打印技术和形状记忆材料特性，为心血管支架的制备开辟了新的发展道路。此外，利用4D打印技术直接将干细胞植入生物支架是器官和组织创造领域的重大进步，干细胞分化的刺激可以为4D打印的生物支架提供变形行为。

4D打印产品能够自我调整，如4D打印的血管具有自我调节和自我修复的效果，生物医疗领域的其他技术无法做到。青岛尤尼科技采用的4D生物打印技术可在可编程网格微槽的多层结构中建立起细胞"微组织",该微组织随着时间和环境的变化,可自发地进行细胞膜、细胞自组织和基质沉积的过程,从而优化了降解过程,使打印出的组织机构与人体的组织更接近。4D 打印出来的细胞能够自我融合生长,在应用于替换癌变或灼伤、烫伤的人体皮肤过程中,将实现与人体最大程度的契合,且能降低术后感染的风险。

4. 国防军事领域

4D 打印技术的结构体具备自组装、多功能和自我修复能力,可使未来军工设备根据部署现场环境和作战目标的不同,灵活调整以自适应实时战况,提高作战效能。结合 4D 打印技术的伪装服,可在兼顾轻便性的同时,根据季节、周围环境重塑成需要的形态,为侦查人员执行任务提供便利性。美国陆军首席技术官格蕾丝·博赫内克(Grace Bochenek)表示,防弹衣可能会与 4D 打印技术结合,从而保证防护性以及便携性,实现从制造到使用的防护服成型、重塑、使用、打包等流程。4D 打印还可以呈现未布置大型军用设备的微缩版(图 10-12),将其放在特定的位置,它可以自动变形、自动组装,使用后还能方便快速回收。

图 10-12　4D 打印导弹

4D 打印技术还能够用于大型军事装备上,大型装备在打印过程中呈压缩或者折叠状,到达目的地后能够自动展开成预定的形状,大大简化了组装的过程和步骤,减少了装配零件的成本。4D 打印自修复材料还可以在武器装备出现裂缝时,通过结构和形状的变化实时对缝隙进行自动填充和固化。

练习题

一、填空题

1. 4D 打印在时间的维度上或外界激励或刺激的触发下,能够实现＿＿＿＿、＿＿＿＿、＿＿＿＿。

2. 4D 打印产品是一种＿＿＿＿,这是与 3D 打印产品＿＿＿＿的最大区别。

3. 4D 打印与 3D 打印的主要区别是＿＿＿＿、＿＿＿＿和＿＿＿＿。

4. 4D 打印的实现要素包括＿＿＿＿、＿＿＿＿、＿＿＿＿、＿＿＿＿和数学建模。

5. 典型的形状记忆材料(SMM)主要有＿＿＿＿、＿＿＿＿、＿＿＿＿、形状记忆复合材料(SMC)、形状记忆陶瓷(SMCrs)等。

二、简答题

1. 简述 4D 打印技术的发展趋势。
2. 简述 4D 打印与 3D 打印所用打印材料的区别。
3. 什么是 4D 打印技术？
4. 简要分析形状记忆聚合物的特点。
5. 简述生物打印技术的基本原理。

参考文献

［1］ Du Jun，Wei Zhengying，Zhang Yubin. Numerical simulation and experimental research on fused-coating additive manufacturing of thin-walled structures［J］. Applied Physics A-Materials Science & Processing，2019，12(125)：1-10.

［2］ 赵先锋，汤朋飞，史红艳.4D打印复合软材料力学性能预测研究进展［J］.复合材料学报，2021，4：1-16.

［3］ Duda Sven，Meyer Lisa，Musienko Eugen，Hartig Sascha，Meyer Tobias，Fette Marc，Wessling Heinrich. The Manufacturing of 3D Printed models for the neurotraumatological education of military surgeons［J］. Military Medicine，2020，185：11-12.

［4］ 张育斌，杜军，王鑫，等.金属熔融涂覆成形工艺数值模拟与实验验证［J］.热加工工艺，2020，49(4)：101-104.

［5］ Izabelle，Lars Bengtsson. Play，print，and share：3D printing enthusiasts as user innovators and entrepreneurs［J］. International Journal of Entrepreneurial Venturing，2020，12(6)：32-40.

［6］ Bajpai Ankur，Baigent Anna，Raghav Sakshika，Brádaigh Conchúr Ó.，Koutsos Vasileios，Radacsi Norbert. 4D Printing：Materials，Technologies，and Future Applications in the Biomedical Field［J］. Sustainability，2020，12(24)：10628-10638.

［7］ Mantihal Sylvester，Kobun Rovina，Lee Boon Beng. 3D food printing of as the new way of preparing food：A review［J］. International Journal of Gastronomy and Food Science，2020，22：100260.

［8］ 李青莲，孟帅，冯刚，等.用于4D打印的记忆聚合物材料的研究进展［J］.江西师范大学学报(自然科学版)，2020，44(6)：561-566.

［9］ 赵蒙，王永信，梁晋.4D打印技术的研究进展［J］.金属加工(热加工)，2020(10)：32-36.

［10］ 吴田俊，张祥林，章万乘，等.基于挤出沉积技术的多喷头3D打印机研制［J］.机电工程，2020，37(8)：921-925.

［11］ 张超，邓智聪，侯泽宇，等.混凝土3D打印研究进展［J］.工业建筑，2020，50(8)：16-21.

［12］ 陈常娟.3D打印技术在纺织服装产品设计中的应用［J］.上海纺织科技，2020，48(08)：1-4+8.

［13］ 史玉升，伍宏志，闫春泽，等.4D打印——智能构件的增材制造技术［J］.机械工程学报，2020，56(15)：1-25.

［14］ 张雨萌，李洁，夏进军，等.4D打印技术：工艺、材料及应用［J］.材料导报，2021，35(1)：1212-1223.

148

［15］ 王林林,冷劲松,杜善义.4D打印形状记忆聚合物及其复合材料的研究现状和应用进展［J］.哈尔滨工业大学学报,2020,52(6):227-244.

［16］ 文俊,蒋友宝,胡佳鑫,等.3D打印建筑用材料研究、典型应用及趋势展望［J］.混凝土与水泥制品,2020(6):26-29.

［17］ S. Bharani Kumar, J. Jeevamalar, P. Ramu, G. Suresh, K. Senthilnathan. Evaluation in 4D printing—A review［J］. Materials Today: Proceedings,2020,07:335.

［18］ Sarah Zerga. Additive manufacturing supplier risk mitigation［J］. JOURNAL OF SUPPLY CHAIN MANAGEMENT, LOGISTICS AND PROCUREMENT,2019, 2(2):88-89

［19］ Hyeonsu Han, Junghyuk Ko. A Study on Optimal Quality Fabrication for the Tactile Sensation of Low Visibility Using 3D Printing［J］. JOURNAL OF BROADCAST ENGINEERING,2019,24(7):1237-1245.

［20］ Du Jun, Wang Xin, Bai Hao, Zhang Yubin. Numerical analysis of fused-coating metal additive manufacturing［J］. International Journal Of Thermal-sciences,2017, (114):342-351.

［21］ Erokhin Kirill S, Gordeev Evgeniy G, Ananikov Valentine P. Revealing interactions of layered polymeric materials at solid-liquid interface for building solvent compatibility charts for 3D printing applications［J］. Scientific Reports,2019,9(1):20177.

［22］ Choi Geunho, Cha Hyung Joon. Recent advances in the development of nature-derived photocrosslinkable biomaterials for 3D printing in tissue engineering［J］. Biomaterials Research,2019,23:7521-7539.

［23］ Abid Haleem, Mohd Javaid, Rizwan Hasan Khan, Rajiv Suman. 3D printing applications in bone tissue engineering［J］. Journal of Clinical Orthopaedics and Trauma,2019,11(S1):118-124.

［24］ Ayesha Siddika, Md. Abdullah Al Mamun, Wahid Ferdous, Ashish Kumer Saha, Rayed Alyousef. 3D-printed concrete: applications, performance, and challenges［J］. Journal of Sustainable Cement-Based Materials,2019,9(3): 127-164.

［25］ 冯鹏,张汉青,孟鑫淼,等.3D打印技术在工程建设中的应用及前景［J］.工业建筑, 2019,49(12):154-165+194.

［26］ Amelia Yilin Lee, Jia An, Chee Kai Chua, Yi Zhang. Preliminary investigation of the reversible 4D printing of a dual-Layer component［J］. Engineering,2019,5(6): 1159-1170.

［27］ 沈自才,夏彦,丁义刚,等.4D打印及其关键技术［J］.材料工程,2019,47(11):11-18.

［28］ Md. Hazrat Ali, Anuar Abilgaziyev, Desmond Adair. 4D printing: a critical review of current developments and future prospects［J］. The International Journal of Advanced Manufacturing Technology,2019,105:1-4.

［29］ 郝天泽,肖华平,刘书海,等.形状记忆聚合物在4D打印技术下的研究及应用［J］.浙江大学学报(工学版),2020,54(1):1-16.

［30］ Boley J William, van Rees Wim M, Lissandrello Charles, Horenstein Mark N,

Truby Ryan L，Kotikian Arda，Lewis Jennifer A，Mahadevan L. Shape-shifting structured lattices via multimaterial 4D printing[J]. Proceedings of the National Academy of Sciences of the United States of America，2019，116(42)：20856-20862.

[31] 刘莹.信息时代下 3D 打印助力文创产业发展路径探究[J].包装工程，2019，40(14)：31-34.

[32] 谢佩军."新工科"建设背景下 3D 打印应用型人才培养机制研究[J].教育现代化，2017，4(18)：6-8.

[33] 李勇，刘远哲.3D 打印技术下的运动鞋设计发展趋势[J].包装工程，2018，39(24)：152-157.

[34] 王美丽，杨丽莹，耿楠，等.基于三维模型的数字浮雕生成技术[J].中国图象图形学报，2018，23(9)：1273-1284.

[35] 刘倩楠，张春江，张良，等.食品 3D 打印技术的发展现状[J].农业工程学报，2018，34(16)：265-273.

[36] 吴广海.3D 生物打印人体器官的法律规制[J].中国科技论坛，2018(3)：159-165＋171.

[37] 姜希雅，廖欢，苏凌锋，等.水溶性 3D 打印支撑材料研究进展[J].塑料科技，2018，46(1)：117-121.